Thomas Fröhlich, Eberhard Manske
XXIX. Messtechnisches Symposium

XXIX. Messtechnisches Symposium

Ilmenau, 16. – 18. September 2015

Tagungsband
Arbeitskreis der Hochschullehrer für Messtechnik

Herausgegeben von
Thomas Fröhlich und Eberhard Manske

DE GRUYTER
OLDENBOURG

Herausgeber
Prof. Dr.-Ing. habil. Thomas Fröhlich
Technische Universität Ilmenau
Institut für Prozessmess- und
Sensortechnik
98684 Ilmenau
thomas.froehlich@tu-ilmenau.de

Prof. Dr.-Ing. habil. Eberhard Manske
Technische Universität Ilmenau
Fachgebiet Fertigungs- und
Präzisionsmesstechnik
98684 Ilmenau
eberhard.manske@tu-ilmenau.de

ISBN 978-3-11-040852-2
e-ISBN (PDF) 978-3-11-040853-9
e-ISBN (EPUB) 978-3-11-040935-2
Set-ISBN 978-3-11-040934-5

Library of Congress Cataloging-in-Publication Data
A CIP catalog record for this book has been applied for at the Library of Congress.

Bibliographic information published by the Deutsche Nationalbibliothek
Die Deutsche Nationalbibliothek verzeichnet diese Publikation in der Deutschen
Nationalbibliografie; detaillierte bibliografische Daten sind im Internet über http://dnb.dnb.de
abrufbar.

© 2015 Walter de Gruyter GmbH, Berlin/Boston
Druck und Bindung: CPI books GmbH, Leck
♾Printed on acid-free paper
Printed in Germany

www.degruyter.com

Vorwort

Das XXIX. Messtechnische Symposium des Arbeitskreises der Hochschullehrer für Messtechnik findet vom 16.–18. September 2015 an der Technischen Universität Ilmenau statt und wird vom Institut Prozessmess- und Sensortechnik der TU Ilmenau organisiert. Wir wünschen allen Autoren, Teilnehmern und Gästen viele neue Eindrücke aus der Goethe- und Universitätsstadt Ilmenau, in mitten des Thüringer Waldes, angeregte Diskussionen und interessante Vorträge.

Das XXIX. Symposium umfasst auch in diesem Jahr wieder ein breites Spektrum von Beiträgen aktueller Fragestellungen der Messtechnik. In sechs Vortragsreihen werden insbesondere die Themen der Akustischen Messtechnik, der Messung mechanischer Größen, der Sensor- und Aktor-Netzwerke, der Fertigungsmesstechnik, der Optischen Messtechnik und im speziellen deren Anwendung für die Medizin behandelt. Ergänzt werden die Vorträge der jungen Nachwuchswissenschaftler durch interessante Posterbeiträge aus den verschiedensten messtechnischen Gebieten.

Ein besonderer Dank gilt dem Vorstand des Arbeitskreises, den Professoren Fernando Puente León, Gerd Scholl, Bernd Henning und Gerhard Fischerauer für die Organisation und Unterstützung in der Vorbereitung des XXIX. Messtechnischen Symposiums. Wir bedanken uns bei allen Mitarbeitern des Institutes für Prozessmess- und Sensortechnik, hier vor allem bei Frau Cordula Höring sowie dem Conference Management der TU Ilmenau, insbesondere bei Frau Andrea Schneider für das große Engagement zur Vorbereitung und Durchführung des Treffens. Besonders danken möchten wir den Firmen Sartorius Lab Instruments GmbH & Co. KG und SIOS Meßtechnik GmbH für ihre großzügige finanzielle Unterstützung des Symposiums.

Allen Autoren gilt ein herzlicher Dank für die interessanten und wertvollen Beiträge.

Ilmenau, September 2015

Prof. Dr.-Ing. habil Eberhard Manske
Fachgebiet Präzisionsmesstechnik
Technische Universität Ilmenau

Prof. Dr.-Ing. habil Thomas Fröhlich
Fachgebiet Prozessmesstechnik
Technische Universität Ilmenau

Inhalt

Reik Krappig und Robert Schmitt

Wellenfrontbasierte aktive Justage mehrkomponentiger optischer Systeme

Zusammenfassung: Neben den anspruchsvollen Spezifikationen in der Fertigung einzelner optischer Komponenten wird die Komplexität ganzer Systeme stark durch die Positionierung der Komponenten zueinander beeinflusst. Diese Positionierung muss so exakt wie möglich sein, um eine optimale optische Funktion des Gesamtsystems zu gewährleisten. Methoden der aktiven Justage bieten dazu einen eleganten Ansatz, da durch die Erfassung der optischen Funktion Rückschlüsse auf den Systemzustand gewonnen und geeignete Korrekturanweisungen berechnet werden können. Vorgestellt wird ein erweiterter wellenfrontbasierter Ansatz zur aktiven hochpräzisen Justage kleinformatiger Komponenten am Beispiel eines einfachen Demonstratorsystems. Die simulierten Ergebnisse illustrieren die mit unterschiedlichen Verfahren erzielbare Präzision und erlauben einen wichtigen Blick auf die erforderlichen Eigenschaften von Wellenfrontsensoren, damit derartige Werte auch in der Praxis erreicht werden können.

Schlagwörter: Wellenfrontsensorik, Alignment, Zernike-Koeffizienten

1 Einleitung

Die optische Funktion eines Bauteils wird im Wesentlichen durch die geometrischen Eigenschaften seiner Funktionsflächen und die Materialkennwerte bestimmt. Jedoch nutzen auch die besten geometrischen Eigenschaften nichts, wenn die Funktionsfläche nicht an der richtigen Stelle sitzt. Dieser Umstand ist für ein einzelnes Element in der Regel fertigungsbedingt, zum Beispiel durch einen Zentrierfehler zweier Werkzeughälften in der replikativen Fertigung, und kann nur durch entsprechende Nacharbeit beseitigt werden. Dahingegen bieten Justageverfahren in mehrkomponentigen Systemen die Möglichkeit, Fehler einzelner Elemente durch eine optimale Ausrichtung zueinander zu minimieren.

Passive Justagemethoden nutzen für diesen Vorgang in der Regel entsprechende Justagemarkierungen und erzielen damit eine Präzision von einigen μm. Der praktische Einsatz solcher Verfahren ist jedoch begrenzt, da sie die Möglichkeit erfordern, durch den gesamten Stapel an Systemelementen schauen zu können. Darüber hinaus enthalten die Justagemarkierungen nur indirekte Informationen zum System, denn

Reik Krappig: Fraunhofer Institute for Production Technology IPT Aachen, mail: reik.krappig@ipt.fraunhofer.de
Robert Schmitt: WZL Werkzeugmaschinenlabor der RWTH Aachen

DOI: 10.1515/9783110408539-001

auch exakt ausgerichtete Markierungen korrelieren bestenfalls im Rahmen ihrer Fertigungstoleranz mit der optischen Funktion des Gesamtsystems.

Um diesen Herausforderungen zu begegnen, bieten sich aktive Justagemethoden an. Konkret wird in diesem Beitrag ein erweiterter wellenfrontbasierter Ansatz vorgestellt. Die Wellenfront des Gesamtsystems wird mittels klassischer Shack-Hartmann Wellenfrontsensoren erfasst, wonach im Rahmen einer detaillierten mathematischen Analyse der aktuelle Zustand des Systems beurteilt und geeignete Korrekturanweisungen bestimmt werden können.

In diesem Kontext führt das folgende Kapitel in aller Kürze in die theoretischen Grundlagen der funktionsbasierten Justage ein, gefolgt von einer Beschreibung der grundsätzlichen mathematischen Vorgehensweise. Die darauf folgende detaillierte Betrachtung an einem kleinaperturigen, transmissiven Demonstratorsystem illustriert die Fähigkeit zur aktiven Justage und zeigt Verbesserungen durch Gruppierungen der Freiheitsgrade auf. In diesem Zusammenhang werden auch die notwendigen Sensorspezifikationen deutlich, damit Justageergebnisse in der vorgestellten Präzision auch in realen Applikationen erzielt werden können.

2 Grundlagen wellenfrontbasierter Justage

Die Erfassung der Wellenfront eines Systems bietet die elegante Möglichkeit, in nur einer Messung alle Systemkomponenten zu charakterisieren, die an der optischen Funktion beteiligt sind. Auf diese Weise kann die Performanz des Systems erfasst werden, z.B. im Rahmen einer abschließenden Qualitätskontrolle. Neben dieser, lediglich prüfenden Anwendung vergleichsweise spät im Produktionsprozess, kann die Wellenfrontmessung auch als Kernelement der Fertigung eingesetzt werden, da über die Korrelation zwischen optischer Funktion und Relativposition der Elemente deren Ausrichtung bei der Montage erfolgen kann.

Die Messung der Wellenfront erfolgt dabei in der Regel mit Shack-Hartmann Wellenfrontsensoren, deren Detektionsprinzip auf der Möglichkeit beruht, die Wellenfront aus einem Gradientenfeld mittels Integration zu bestimmen [1]. Zur Erfassung des Gradientenfelds wird ein Mikrolinsenarray vor einem CCD-Sensor eingesetzt, dessen Abstand genau der Brennweite der Mikrolinsen entspricht. Trifft eine ebene Wellenfront auf den Sensor, wird daher ein regelmäßiges Raster scharfer Punkte auf dem CCD-Sensor abgebildet. Ist die Wellenfront lokal geneigt, kommt es zu Abstandsänderungen der Punkte zueinander, da diese in Abhängigkeit der lokalen Steigung der Wellenfront ihre laterale Position verändern [2; 3].

Die laterale Auflösung eines solchen Sensors ist durch die Anzahl der Mikrolinsen begrenzt. In konventionellen Systemen liegt sie zwischen einigen Dutzend und einer kleinen dreistelligen Zahl. Ferner wird die axiale Auflösung durch die Brennweite der Mikrolinsen bestimmt: je länger die Brennweite, desto größer ist die Hebelwirkung kaum geneigter Wellenfronten, was also zu einer höheren Sensitivität des Sensors führt. Allerdings ist die maximale Brennweite durch Beugungseffekte begrenzt und sollte höchstens dem halben Linsenabstand entsprechen [4].

Nach der Erfassung der Wellenfront des getesteten Systems kann sie mit ihrem Soll-Zustand abgeglichen werden. Dieser Vergleich zeigt lokale Fehler des Systems, welche z.B. aus physikalischen Restriktionen wie sphärischer Aberration, aber auch aus einer unzureichenden Orientierung der Einzelelemente zueinander entstehen können. Für die nachfolgenden Berechnungen ist es sinnvoll, sowohl Wellenfront als auch Fehlerkarte in handhabbare Teile zu zerlegen. Eine Möglichkeit hierzu bieten die Zernike-Koeffizienten. Sie sind ein Satz orthogonaler Polynome zur Beschreibung kontinuierlicher dreidimensionaler Oberflächen, wobei sich in der Regel schon mit einer überschaubaren Anzahl von Polynomen die Wellenfront in ausreichender Näherung nachbilden lässt.

Um die nachfolgenden Betrachtungen anhand eines realen Systems illustrieren zu können, wird ein einfaches Demonstratorsystem als klassisches Teleskop in Kepler-Anordnung definiert (vgl. Abb. 1). Es nutzt zwei kommerziell erhältliche Asphären und soll eine ebene Wellenfront transferieren.

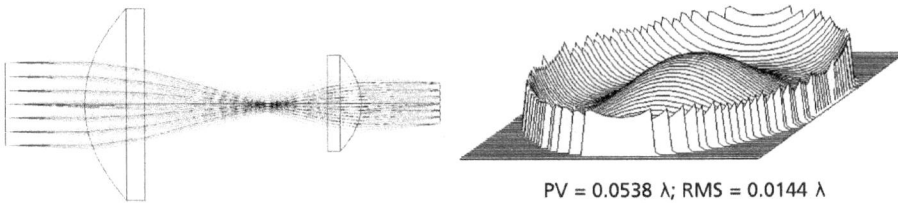

PV = 0.0538 λ; RMS = 0.0144 λ

Abb. 1. Demonstratorsystem und seine optische Funktion

Grundsätzlich verfügen beide Elemente über je 6 Freiheitsgrade (Degree of Freedom = DOF) für jedes der optischen Elemente M zzgl. weiterer DOF für das Gesamtsystem im Verhältnis zur Lichtquelle. Mit Blick auf einen korrespondierenden Laborprototypen, welcher in späteren Publikationen besprochen wird, kommt ein Hexapod und ein XY-Tisch zum Einsatz, wodurch die Komplexität des Systems für praktische Anwendungen auf 6+2=8 Freiheitsgrade reduziert ist.

3 Mathematisches Vorgehen

Abbildung 2 illustriert das hier vorstellte Vorgehen zur wellenfrontbasierten Justage optischer Systeme, von der Erfassung der Wellenfront, bis zur Repositionierung der einzelnen Systemelemente. Grundlegender Gedanke dabei ist der Versuch, die Impli-

kationen des Systems auf seine Wellenfront und damit auf die zugehörigen Zernike-
Koeffizienten für eine Berechnung des unbekannten Systemzustands heranzuziehen.

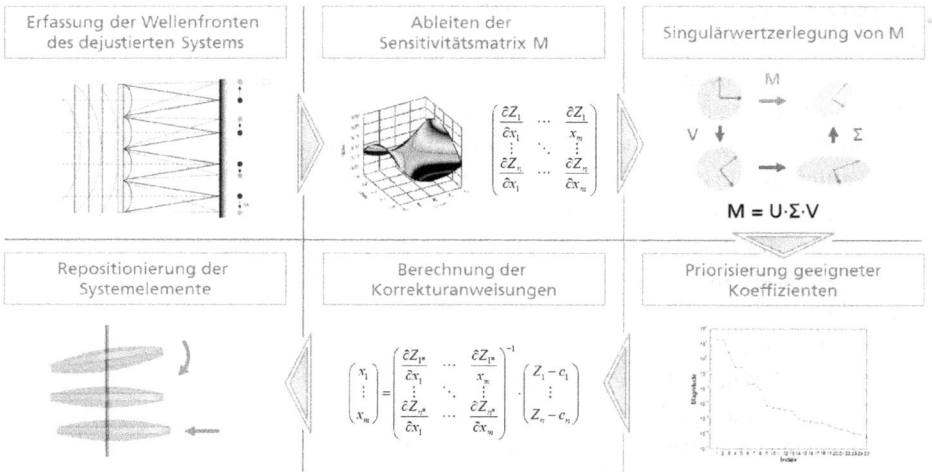

Erfassung der Wellenfronten des dejustierten Systems	Ableiten der Sensitivitätsmatrix M	Singulärwertzerlegung von M

$$M = U \cdot \Sigma \cdot V$$

Repositionierung der Systemelemente	Berechnung der Korrekturanweisungen	Priorisierung geeigneter Koeffizienten

Abb. 2. Illustration des Ablaufs zur wellenfrontbasierten Bestimmung von Korrekturanweisungen

Basis der Berechnungen ist die sogenannte Sensitivitätsmatrix, welche aus Sicht der
Zernike-Koeffizienten alle Eigenschaften des Gesamtsystems kodiert [5; 6]. Bekannter-
maßen können einige Koeffizienten auch ohne aufwendige Berechnungen bestimmten Systemeigenschaften zugeordnet werden, z.B. die Komaterme einer Dezentrie-
rung des Systems. Gleichwohl stehen die Koeffizienten in vielschichtigen wechselsei-
tigen Abhängigkeiten zueinander: Verbesserungen eines Koeffizienten können sich
verschlechternd auf eine Reihe anderer Koeffizienten auswirken und damit die Güte
der Gesamtlösung beeinträchtigen. Die Sensitivitätsmatrix bildet eben diese Zusammenhänge detailgetreu ab, indem kleine bekannte Änderungen Δx_j in der Positionierung der Systemkomponenten induziert und deren Auswirkungen $\partial Z_i / \partial x_j$ auf die ursprünglichen Koeffizienten c_i erfasst werden. Diese Auswertung erfolgt für alle DOF,
wodurch sich folgende Matrixstruktur ergibt:

$$Z_i = c_i + \sum_{j}^{m} \frac{\partial Z_i}{\partial x_j} \cdot \Delta x_j \Rightarrow \begin{pmatrix} \frac{\partial Z_1}{\partial x_1} & \cdots & \frac{\partial Z_1}{\partial x_m} \\ \vdots & \ddots & \vdots \\ \frac{\partial Z_n}{\partial x_1} & \cdots & \frac{\partial Z_n}{\partial x_m} \end{pmatrix} \cdot \begin{pmatrix} x_1 \\ \vdots \\ x_m \end{pmatrix} = \begin{pmatrix} Z_1 + c_1 \\ \vdots \\ Z_n - c_n \end{pmatrix} \tag{1}$$

Der angesprochene Quotient in Gleichung (1) enthält die Information über die Sensitivität des Koeffizienten gegenüber einer Variation dieses DOF. Für die Berechnung
der Korrekturanweisungen sind vorrangig solche Koeffizienten hilfreich, die in einem
gewissen Arbeitsbereich ein näherungsweise lineares Verhalten gegenüber bestimmten DOF zeigen. Dieser Umstand ist nur bei wenigen Koeffizienten gegeben und wird

zudem durch die Tatsache erschwert, dass Koeffizienten auf mehrere DOF reagieren, also nicht unabhängig voneinander sind.

Insofern genügen die hinreichend linearen Koeffizienten nicht, um Gleichungssystem (1) mit den erforderlichen 8 DOF lösen zu können. Grundsätzlich ist es möglich, weitere Koeffizienten zu nutzen, die zumindest in bestimmten Bereichen über den erforderlichen linearen Zusammenhang verfügen. Das kann jedoch den Arbeitsbereich der Justage stark einschränken oder dazu führen, dass der Justagevorgang gar nicht sinnvoll durchgeführt werden kann, da die Steigungen im Abweichungsbereich der Systemelemente nicht denen der ermittelten Sensitivitätsmatrix entsprechen. Damit gehen auch große Herausforderungen an die Sensortechnik einher, da ggfs. auch sehr kleine Steigungen genutzt werden sollen, deren wiederholpräzise messtechnische Erfassung mit konventionellen Systemen jedoch ausgesprochen schwierig ist (vgl. Abschnitt 4 zur Diskussion der Ergebnisse).

Die beschriebenen Herausforderungen bedingen die Notwendigkeit, zusätzliche Informationen bereitzustellen, damit gute Justageergebnisse erzielt werden können. Eine geeignete Möglichkeit, die in unterschiedlicher Tiefe in der Literatur berichtet wird [5; 7; 8], ist die Berücksichtigung der Feldabhängigkeiten des Systems. Diese Modelle konzentrieren sich jedoch auf Anwendungen von sehr großen reflektiven astronomischen Systemen, welche entsprechend großformatige Elemente beinhalten, deren Durchmesser zwischen einigen 100 Millimetern und mehreren Metern liegen. Ein Beispiel hierfür ist das Hobby-Eberly Telescope in Mount Fowlkes, Tx., USA. Das wirkt sich auch auf die Toleranzen eines solchen Systems aus, die zwischen einigen 100 bis einigen 10 Mikrometern liegen und für kleinaperturige Systeme ungeeignet sind [8].

Die Berücksichtigung der Feldabhängigkeiten führt zu einer wesentlich vergrößerten Sensitivitätsmatrix, da die Gradienten der Zernike-Koeffizienten zu jeder induzierten Abweichung die Feldabhängigkeit als zusätzliche Dimension erhalten. Konkret für das betrachtete Demonstratorsystem ergaben sich bei 6 DOF und 8 betrachteten Koeffizienten 48 Einträge. Wird nun ein Raster von z.B. 7x7 Feldpunkten zusätzlich berücksichtigt, erhöht sich die Zahl der Einträge um den Faktor 7^2 auf nun 392 Zeilen und damit 2352 Einträge.

Diese erweiterte Sensitivitätsmatrix ist nun ein umfangreicher Datensatz mit einer Vielzahl von Variablen, und kann mit Verfahren der multivarianten Statistik automatisiert nach verwertbaren Zusammenhängen zwischen Koeffizienten und DOF untersucht werden. Eine geeignete Berechnungsmethode stellt die Singulärwertzerlegung dar, welche beispielsweise auch in der Bildverarbeitung für Komprimierungsverfahren eingesetzt wird. Mit ihrer Hilfe lassen sich drei Untermatrizen U, S und V der Sensitivitätsmatrix M berechnen. Im übertragenen Sinne stellen die Spalten der U und V Matrizen Paare zwischen Wirkung und gesuchter Ursache dar, welche orthogonal und daher voneinander unabhängig sind. Wie gut jedes dieser Paare im betrachteten Demonstrator beeinflusst werden kann, wird durch die Eigenwerte der Matrix S wiedergegeben. Gleichung 2 zeigt die Größen der Matrizeneinträge bei der Berechnung des Demonstratorsystems:

$$\underset{392\times6}{M_{\text{field}}} = \underset{392\times6}{U} \cdot \underset{6\times6}{S} \cdot \underset{6\times6}{V^{\mathsf{T}}} \tag{2}$$

Die Singulärwertzerlegung leistet also die Bestimmung der linearen und voneinander unabhängigen Zusammenhänge, die für die Lösung des Gleichungssystems (1) notwendig sind und sortiert diese entsprechend ihres Nutzwertes. Im Anwendungsfall des Demonstratorsystems können die zahlreichen Einträge der Matrizen so auf die 20 nutzbringendsten reduziert werden.

Damit die Präzision der Lösung weiter erhöht werden kann, ist eine Iteration des Prozesses möglich, bei dem nach der ersten Justage, erneut die Wellenfront des dann verbesserten Systems erfasst wird. Die Anzahl der notwendigen Iterationen ist neben der erzielten Justagepräzision ein entscheidendes Merkmal der Güte des Verfahrens und daher auch Ansatzpunkt für Verbesserungen.

Eine Möglichkeit besteht in der Idee, gemeinsame Freiheitsgrade elementübergreifend zu berücksichtigen. Mit gemeinsamen Freiheitsgraden sind solche DOF gemeint, die einen gleichen oder ähnlichen Einfluss auf die Zernike-Koeffizienten zeigen. Der zugehörige Hintergrund wird schnell deutlich, wenn in einem System mit zwei Elementen beide Bewegungen z.B. in x-Richtung näher untersucht werden: für wesentliche Anteile der Veränderungen in den Koeffizienten zeigen beide Bewegungen eine ähnliche Dynamik.

Unter Berücksichtigung dieses Umstandes kann die Sensitivitätsmatrix in zwei Matrizen aufgeteilt werden, in denen elementübergreifende aber auswirkungsähnliche DOF enthalten sind. Auch die Berechnung der Matrizen und ihre Singulärwertzerlegung erfolgt dann separat, wonach die Ergebnisse als Korrekturanweisung in das Gesamtsystem überführt werden.

4 Darstellung und Diskussion der Ergebnisse

Zur quantifizierbaren Evaluation der umrissenen Vorgehensweise wurden alle Berechnungen am Demonstratorsystem durchgeführt, wie sie in Tabelle 1 enthalten sind. Dabei wurde nicht nur sukzessive die Größe der induzierten Störungen bestimmter Elementpositionen beeinflusst (horizontale Steigerung nach rechts in Tabelle 1), sondern auch die Komplexität der induzierten Störung (vertikale Steigerung nach unten in Tabelle 1).

Wie an den Indizes der Spalte »Störung« bereits deutlich wird, adressiert Fall 1 lediglich einen DOF eines Elements δx_1. Im Fall 2 werden bereits zwei Störungen δx_1 und δy_1 eingebracht, die sich aber immer noch auf nur ein Element beziehen, wohingegen sich im dritten Fall beide Störungen δx_1 und δy_2 auch auf zwei Elemente verteilen. Die berechneten RMS-Werte für die Fälle 2 und 3 charakterisieren den in

Tab. 1. Auszug der auf die Demonstratorgeometrie angewandten Störungen

Störung		1	3	4	5	6	8	14	18	19
1	δx_1	0,001	0,005	0,01	0,025	0,05	0,1	0,25	0,5	1
2	δx_1	0,001	0,005	0,01	0,025	0,05	0,1	0,25	0,5	1
	δy_1	0,001	0,005	0,01	0,025	0,05	0,1	0,25	0,5	1
	RMS	0,0006	0,0029	0,0058	0,0144	0,0289	0,0577	0,1443	0,433	0,5774
3	δx_1	0,001	0,005	0,01	0,025	0,05	0,1	0,25	0,5	1
	δy_2	0,001	0,005	0,01	0,025	0,05	0,1	0,25	0,5	1
	RMS	0,0006	0,0029	0,0058	0,0144	0,0289	0,0577	0,1443	0,433	0,5774

diesem Fall lateralen Abstand zum optimalen Justagepunkt und stellen die Skala der Abszisse in Abbildung 3.

Die folgenden Graphen illustrieren das Verhalten des beschriebenen Alignment-Vorgangs, übertragen auf das Demonstratorsystem. Wie im Vergleich der jeweils hellen quadratischen und der kreisförmigen bzw. der rautenförmigen und dunklen quadratischen Linien zu erkennen ist, reduziert der Alorgithmus den durch die Störung induzierten Fehler in der Wellenfront durch geeignete Korrekturanweisungen, sowohl mit Blick auf den RMS-Wert, als auch hinsichtlich des PV-Werts. Dies gilt insbesondere für kleine Störungsbereiche, in denen der optimale Zustand der Wellenfront wiederhergestellt werden kann, wohingegen sich die gefundene Lösung für größere Störungen zunehmend verschlechtert.

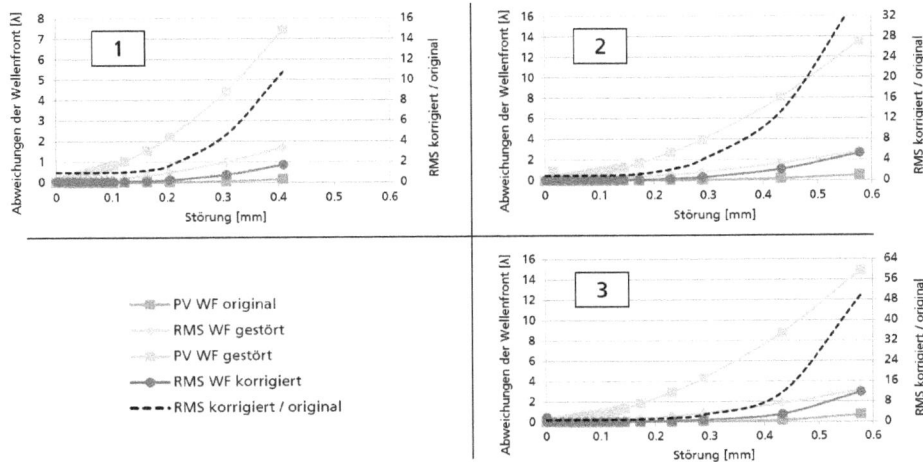

Abb. 3. Einfluss von Größe bzw. Komplexität der induzierten Störung auf die Güte der Korrekturanweisungen

Ein Vergleich der unterschiedlichen Graphen enthüllt eine zweite Abhängigkeit, vor allem da die rechte Achse jedes Graphen unterschiedlich skaliert ist. Diese Skala ist dem Verlauf der gestrichelten Linie zugeordnet, die als Quotient zwischen dem RMS-Wert der Wellenfront des korrigierten Systems und dem RMS-Wert der Wellenfront des ungestörten Systems aus Abbildung 1 definiert ist. Daher kann dieser Quotient als einfaches Evaluationskriterium herangezogen werden: wenn er möglichst nah an 1 liegt, war der Algorithmus in der Lage, die Positionen der beteiligten Elemente so zu korrigieren, dass beide Wellenfronten gut übereinstimmen. Sobald dieser Wert deutlich über 1 steigt, versagt die Korrektur zunehmend. Schlechtere Korrekturergebnisse folgen jedoch nicht nur aus der Größe der induzierten Störung, sondern auch aus ihrer der Komplexität. Wird eine Toleranz zwischen optimalem und korrigiertem RMS-Wert der Wellenfront von 10 % angenommen, ist das System in der Lage, Fehler bis zu einer Störung von 0,13782 mm für den Fall 1 zu korrigieren. Diese Werte steigen auf 0,14583 mm bzw. 0,16077 mm für die Fälle 2 und 3, wodurch die Robustheit der Korrektur gegenüber der Verteilung der Störgrößen gezeigt wird.

Welche Verbesserungen sich durch die Einführung der elementübergreifenden Gruppierung der DOF ergeben, wird durch Abbildung 4 gezeigt. Auf der einen Seite ergibt sich eine leichte Verbesserung in der nach der 1. Iteration berechneten Lösung. Dieser Unterschied ist im konkreten Anwendungsfall jedoch marginal. Der zweite wesentliche Vorteil liegt darin, dass gleichwertige Ergebnisse bereits nach weniger Iterationen erzielt werden.

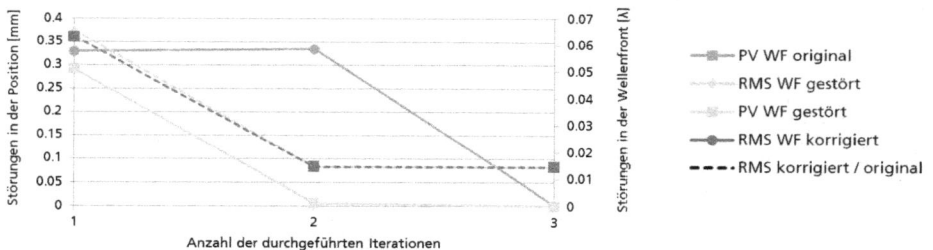

Abb. 4. Einfluss einer Gruppierung der DOF auf die Güte der Korrekturanweisungen und die Anzahl der Iterationen

In Summe zeigen die Ergebnisse, dass Algorithmen zur wellenfrontbasierten Justage grundsätzlich eine ausreichende Präzision bereitstellen, um auch kleinaperturiger Optiken in den geforderten Genauigkeiten ausrichten zu können. Darüber hinaus wird am gezeigten Beispiel deutlich, welche Optimierung sich mit Blick auf die Verkürzung der notwendigen Iterationen umsetzen lassen.

Die praktische Herausforderung an diesen Werten zeigt sich bei einem Blick auf die Spezifikationen konventioneller Wellenfrontsensoren aus Abschnitt 2. Im dargestellten Fall einer Toleranz von 10 % für den RMS-Wert der Wellenfront müssten Werte von $0,00144\lambda$ reproduzierbar erfasst werden. Die Änderungen im RMS-Wert der Wellenfront für eine induzierte Störung von 1 µm betragen lediglich $0,0001\lambda$. Ähnliche Werte in dieser Größenordnung gelten für die zugehörigen Zernike-Koeffizienten. Demgegenüber stehen spezifizierte Sensitivitäten von $\lambda/150$, was ca. $0,006\lambda$ entspricht. Manche Spezialgeräte sind in der Lage, Änderungen von bis $\lambda/600$ zu detektieren, womit eher die Bereiche erreicht werden, die für eine praktische Umsetzung der skizzierten Möglichkeiten von Bedeutung ist.

5 Resümee und Schlussbemerkung

Dieser Beitrag stellte das theoretische Konzept der wellenfrontbasierten Justage und seine Übertragung auf kleinaperturige transmissive optische Elemente dar. Es wurde gezeigt, wie unter Verwendung der Zernike-Koeffizienten einer Wellenfront Rückschlüsse auf geeignete Korrekturanweisungen der Position der einzelnen Elemente gefunden werden können und wie sich dieser Algorithmus weiter optimieren lässt. Die Abweichungen in der Wellenfront derartiger Systeme sind außerordentlich klein, woraus sich hohe Ansprüche an die Spezifikationen der Sensoren zur praktischen Umsetzung ergeben. Vor allem diesem Umstand muss Rechnung getragen werden, um die Ergebnisse von der Simulation in reale Applikationen überführen zu können.

Literatur

[1]   Pfund, J., Beyerlein, M.: Shack-Hartmann-Sensoren für Qualitätskontrolle in klassischer und Laser-Optik. In: Photonik, Vol. 33, No. 4, p. 6–8 (2002)

[2]   Beyerlein, M., Pfund, J.; Dorn, R.: Automatisierte 100 % Charakterisierung mikrooptischer Bauelemente. In: Photonik, Vol. 36, No. 4, p. 64–66 (2005)

[3]   Dorn, R., Pfund, J.: Effiziente Qualitätssicherung mittels multifunktionaler Optikprüfung. In: Photonik, Vol. 46, No. 1, p. 30–33 (2015)

[4]   Cao, G., Yu, X.: Accuracy analysis of a Hartmann-Shack wavefront sensor operated with a faint object. In: Opt. Eng. 33, p. 2331–2335 (1994).

[5]   Kim, E. D.; Choi Y.-W.; Khan, M.-S.: Reverse-optimization Alignment Algorithm using Zernike Sensitivity. In: Journal of the Optical Society of Korea, Vol. 9, No. 2, p. 68–73 (2005)

[6]   Kim, S., Yun-Woo Lee, H. Y.; Kim, S.-W.: Merit function regression method for efficient alignment control of two-mirror optical systems. In: Optics Express, Vol. 15, No. 8 (2007)

[7]   Gray, R. W., Dunn, C., Thompson K. P., Rolland, J. P.: An analytic expression for the field dependence of Zernike polynomials in rotationally symmetric optical systems. In: Optics Express, 340 Vol. 20, No. 15 (2012)

[8]   Manuel, A. M.: Field dependent aberrations for misaligned reflective optical systems. Dissertation at the faculty of the College of Optical Science at the University of Arizona (2009)

Markus Schake und Peter Lehmann

Erweiterung des Eindeutigkeitsbereichs eines fasergekoppelten Zwei-Wellenlängen-Interferometers

Zusammenfassung: Eine charakteristische Einschränkung phasenmessender Interferometer zur Messung von Abstandsänderungen ist durch ihren auf eine halbe Lichtwellenlänge begrenzten Eindeutigkeitsbereich gegeben. In diesem Beitrag wird ein Algorithmus zur Signalverarbeitung am Zwei-Wellenlängen-Interferometer vorgestellt, der basierend auf einem Ansatz von P. de Groot den Eindeutigkeitsbereich über eine halbe synthetische Wellenlänge hinaus erweitert. Die Funktionalität und Praxistauglichkeit des Algorithmus wird am Beispiel der Auswertung von Messdaten eines fasergekoppelten, punktförmig messenden Zwei-Wellenlängen-Interferometers mit optischer Weglängenmodulation demonstriert.

Schlagwörter: Interferometrie, Zwei-Wellenlängen, Eindeutigkeitsbereich

1 Einführung

In der Praxis werden zur Form- und Oberflächenmessung immer häufiger berührungslose optische Messverfahren eingesetzt, die gegenüber etablierten taktilen Messverfahren wie Formmess- und Tastschnittgeräten in den meisten Fällen eine höhere Messgeschwindigkeit erlauben und durch die prinzipbedingte berührungslose Messung die Unversehrtheit des Messobjektes garantieren. Wenn eine besonders hohe Messgenauigkeit im Nanometerbereich erforderlich ist, werden zumeist interferometrische Messsysteme eingesetzt. Eine charakteristische Einschränkung phasenmessender Laserinterferometer ist ihr begrenzter Eindeutigkeitsbereich. Für ein Einwellenlängensystem ist der Eindeutigkeitsbereich auf die Hälfte der eingesetzten Laserwellenlänge λ_i beschränkt. Durch den Einsatz von Licht einer zweiten Wellenlänge wird eine Erweiterung des Eindeutigkeitsbereichs auf die Hälfte der synthetischen Wellenlänge $\Lambda = \frac{\lambda_1 \cdot \lambda_2}{\lambda_1 - \lambda_2}$ erzielt [5]. Zur weiteren Vergrößerung des Eindeutigkeitsbereichs wurden verschiedene Ansätze publiziert [2; 3; 4]. Jennewein et al. beschreiben, wie durch die Überlagerung von zwei oder mehr Lichtwellen unterschiedlicher Wellenlängen λ_i ein Interferenzsignal mit sehr großer synthetischer Wellenlänge bis in den Millimeter-Bereich erzeugt werden kann [4]. Um dies zu erreichen, ist es allerdings erforderlich, das Verhältnis der verwendeten Wellenlängen λ_i zueinander genau einzustellen, und es werden Lichtquellen mit sehr hoher Wellenlängenstabilität benötigt. Es ist folglich

Markus Schake, Peter Lehmann: Fachbereich Elektrotechnik/Informatik, Fachgebiet Messtechnik, Universität Kassel, Wilhelmshöher Allee 71, 34109 Kassel, Deutschland, mail: markus.schake@uni-kassel.de

DOI: 10.1515/9783110408539-002

nicht möglich, diesen Ansatz mit günstigen Standardkomponenten aus der Telekommunikationstechnik zu realisieren. Ein Signalverarbeitungsansatz zur Vergrößerung des Eindeutigkeitsbereichs bei Mehr-Wellenlängen-Interferometern ist durch die Methode der „Excess Fractions" [1] gegeben, die 1895 von A. A. Michelson und J. R. Benoit beschrieben wurde. Basierend auf dem Ansatz der „Excess Fractions" stellt Falaggis einen Signalverarbeitungsansatz in der Mehr-Wellenlängen-Interferometrie vor, der eine algebraische Lösung für „phase unwrapping" Probleme bietet [3]. Die von Falaggis eingeführte Methode nutzt die gleiche Menge an Phaseninformationen wie der „Excess Fractions" Ansatz und erzielt die gleiche Vergrößerung des Eindeutigkeitsbereiches. Der benötigte Rechenaufwand ist im Vergleich zum „Excess Fractions" Ansatz jedoch deutlich reduziert und durch die Verwendung redundanter Informationen in Mehr-Wellenlängen-Systemen erzielt er eine gute Robustheit gegenüber dem Phasenrauschen. De Groot präsentiert einen Signalverarbeitungsansatz zur Erweiterung des Eindeutigkeitsbereichs in der Zwei-Wellenlängen-Interferometrie [2], der ebenfalls auf der Methode der „Excess Fractions" basiert. Das von de Groot vorgestellte Verfahren ist eine algebraische Lösung zur Bestimmung der Streifenordnung mit deutlich kleinerem Rechenaufwand als die Methode der „Excess Fractions", allerdings wird nur ein Teil der in den Phasenwerten enthaltenen Informationen verwendet und das Potential zur Vergrößerung des Eindeutigkeitsbereichs nicht voll ausgeschöpft. Dieser Ansatz ist geeignet, um den Eindeutigkeitsbereich eines Zwei-Wellenlängen-Interferometers zu erweitern, ohne besondere Bedingungen an die verwendeten Laserlichtquellen oder die betrachteten Messobjekte zu stellen. Der publizierte Algorithmus [2] ist allerdings auf einen begrenzten Definitionsbereich $[-L_D, +L_D]$ mit $L_D \in \mathbb{R}$ um das sich periodisch wiederholende Nullphasentupel $(\Phi, \phi_1) = (0, 0)$ beschränkt. In diesem Beitrag wird ein Δ-System eingeführt, das die Beschränkungen des Definitionsbereichs aufhebt und das Verfahren so für die praktische Anwendung zugänglich macht. Neben der Theorie zur Erweiterung des Algorithmus werden Messergebnisse präsentiert, die durch die Anwendung auf Messdatensätze unseres fasergekoppelten Zwei-Wellenlängen-Interferometers [6] entstanden.

2 Erweiterung des Eindeutigkeitsbereichs

In diesem Abschnitt werden die Resultate aus [2] zusammengefasst dargestellt und die Einschränkungen des Definitionsbereichs erläutert. Die optische Weglängendifferenz L wird in Abhängigkeit der Streifenordnung $n_1 \in \mathbb{Z}$, der Wellenlängen λ_1, λ_2 und der

Phase $\phi_1, \phi_2 \in [-\pi, \pi]$ in Gl. (1) beschrieben [2; 6].

$$L = (n_1 + \frac{\phi_1}{2\pi}) \cdot \frac{\lambda_1}{2} \tag{1}$$

$$n_1 = N\frac{\Lambda}{\lambda_1} + \frac{1}{2\pi} \cdot (\frac{\Phi \cdot \Lambda}{\lambda_1} - \phi_1) \tag{2}$$

$$\Phi = \phi_1 - \phi_2 \tag{3}$$

Die Streifenordnung n_1 der Einzelwellenlänge kann in Abhängigkeit von der Streifenordnung N der synthetischen Wellenlänge und dem Phasentupel (Φ, ϕ_1) durch Gl. (2) beschrieben werden. Dabei ist die Phase der synthetischen Wellenlänge Φ durch die Gl. (3) gegeben. Ist die Streifenordnung N bekannt, ist das Ergebnis von Gl. (2) eine ganze Zahl, die die Streifenordnung $n_1 \in \mathbb{Z}$ der Wellenlänge λ_1 angibt. Als Schätzer der Streifenordnung des Interferogramms der Wellenlänge λ_1 wird in [2] die Variable $\acute{n}_1$ eingeführt. Mit Gl. (4) wird der Schätzwert $\acute{n}_1$ für die Streifenordnung unter der Annahme ermittelt, dass sich die untersuchte Messobjektoberfläche im Intervall 0.-Ordnung mit $N = 0$ befindet.

$$\acute{n}_1 = \frac{1}{2\pi} \cdot (\frac{\Phi \cdot \Lambda}{\lambda_1} - \phi_1) \tag{4}$$

$$\acute{N} = \frac{\acute{n}_1 - \text{round}(\acute{n}_1)}{(\frac{\Lambda}{\lambda_1} - \text{round}(\frac{\Lambda}{\lambda_1}))} \tag{5}$$

$$\tilde{n}_1 = \text{round}(\acute{N})\frac{\Lambda}{\lambda_1} + \frac{1}{2\pi} \cdot (\frac{\Phi \cdot \Lambda}{\lambda_1} - \phi_1) \tag{6}$$

Ist $N \neq 0$, tritt bei der Schätzung der Streifenordnung $\acute{n}_1$ mit Gl. (4) ein charakteristischer Fehler auf, der dazu führt, dass $\acute{n}_1$ keine ganze Zahl ist und der somit als Indikator für die Bestimmung der Streifenordnung der synthetischen Wellenlänge N dient. Die Größe des Fehlers ist abhängig vom Verhältnis der Wellenlängen Λ und λ_1 und der Streifenordnung der synthetischen Wellenlänge N. Aus dem charakteristischen Fehler $\acute{n}_1 - \text{round}(\acute{n}_1)$ kann nach Gl. (5) ein Schätzwert $\acute{N}$ für die Streifenordnung der synthetischen Wellenlänge bestimmt werden [2]. Dabei bedeutet round(), dass das Argument auf den betragsmäßig nächsten ganzzahligen Wert gerundet wird. Der Schätzwert der Streifenordnung der synthetischen Wellenlänge $\acute{N}$ wird, wie in [2] beschrieben, dazu verwendet, eine verbesserte Schätzung für die Streifenordnung der Einzelwellenlänge $\tilde{n}_1$ zu erhalten. Das Resultat aus Gl. (6) kann eingesetzt werden, um mit Gl. (1) die optische Weglängendifferenz zu bestimmen. Dabei wird n_1 durch den Schätzwert $\tilde{n}_1$ substituiert. Dieses Verfahren vergrößert den Eindeutigkeitsbereich in Abhängigkeit des Wellenlängenverhältnisses $\frac{\Lambda}{\lambda_1}$. Konkret vergrößert sich der Eindeutigkeitsbereich von $\pm\frac{\Lambda}{4}$ auf $\pm N_R \cdot \frac{\Lambda}{4}$. Der Wert N_R kann dabei durch Gl. (7) bestimmt werden.

$$N_R = \left|\text{round}\left(\frac{1}{\frac{\Lambda}{\lambda_1} - \text{round}(\frac{\Lambda}{\lambda_1})}\right)\right| \tag{7}$$

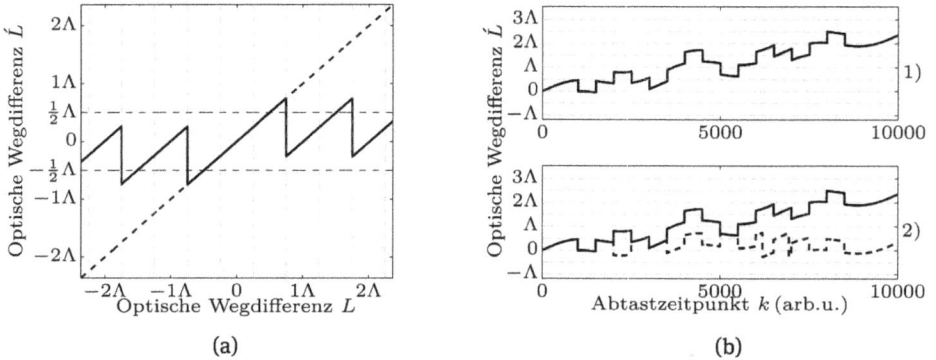

Abb. 1. a) Gegenüberstellung der wahren optischen Weglängendifferenz L (– – –), zur gemessenen optischen Weglängendifferenz, nach Auswertung mit dem in Abschnitt 2 beschriebenen Ansatz (–). b1) Simuliertes Testprofil zur Funktionsprüfung des erweiterten Algorithmus. b2) Ergebnis der Signalauswertung für das Profil aus b1) mit dem Algorithmus nach [2] (– – –) und nach der Erweiterung um das im folgenden Absschnitt erläuterte Δ-System (–).

Der hier beschriebene Algorithmus ermittelt aus dem gemessenen Phasentupel (Φ, ϕ_1) den Wert der optischen Weglängendifferenz $\acute{L}$ durch eine Schätzung der Streifenordnung der synthetischen Wellenlänge. Wird der absolut um das Phasentupel $(\Phi, \phi_1) = (0, 0)$ zentrierte Definitionsbereich verlassen, wird dem Phasentupel systematisch eine falsche Streifenordnung zugewiesen. Für ein konkretes Beispiel mit der Wellenlängenkombination $\lambda_1 = 1310\,\text{nm}$, $\lambda_2 = 1550\,\text{nm}$ wird mit Gl. (7) der Wert $N_R = 2$ ermittelt. Der Eindeutigkeitsbereich ist damit auf $\pm\frac{\Lambda}{2}$ und der Definitionsbereich auf das Intervall $\left[-\frac{\Lambda}{2}, +\frac{\Lambda}{2}\right]$ beschränkt. In Abb. 1 a) ist beispielhaft für die oben verwendete Wellenlängenkombination dargestellt, wie sich die Fehlzuordnungen nach dem Verlassen des Definitionsbereichs auf die Bestimmung der optischen Weglängendifferenz $\acute{L}$ auswirken. Die Methode der „Excess Fractions" [1] und der darauf basierende Ansatz von Falaggis [3] nutzen einen deutlich größeren Anteil der verfügbaren Phaseninformationen aus. Dies führt zu einem größeren Berechnungsaufwand und zu einer erheblichen Vergrößerung des Eindeutigkeitsbereichs. Auch der Definitionsbereich vergrößert sich, ist aber immer noch auf das endliche Intervall $[-L_D, +L_D]$ beschränkt.

3 Δ-System zur Definitionsbereichserweiterung

Um die in Abschnitt 2 beschriebene Einschränkung des Definitionsbereichs für die Ansätze aus [2; 3] aufzuheben, wird ein Δ-System mit dem Phasendifferenztupel $(\Delta\acute{\Phi}, \Delta\acute{\phi}_1)$ eingeführt.

$$\Delta\acute{\phi}_i(k) \in [-\pi, \pi] = \phi_i(k) - \phi_i(k-1) \quad i \in \{1, 2\} \tag{8}$$

In Gl. (8) beschreibt k den diskreten Zeitpunkt, zu dem der Phasenwert ermittelt wurde. Die Differenzphase der synthetischen Wellenlänge $\Delta\acute{\Phi}$ wird in Gl. (9) analog zu Gl. (3) bestimmt.

$$\Delta\acute{\Phi}(k) \in [-\pi, \pi] = \Delta\acute{\phi}_1(k) - \Delta\acute{\phi}_2(k) \tag{9}$$

Das Differenzphasentupel $(\Delta\acute{\Phi}(k), \Delta\acute{\phi}_1(k))$ enthält die Änderung der Schwebungs- und der Einzelphase bezogen auf die zuletzt ermittelten Phasenwerte zum Zeitpunkt $k - 1$. Die Phasenänderung ist Null, falls keine Änderung der optischen Weglängendifferenz zwischen den beiden Abtastzeitpunkten aufgetreten ist. Durch Anwenden des in Abschnitt 2 beschriebenen Algorithmus auf das Differenzphasentupel $(\Delta\acute{\Phi}(k), \Delta\acute{\phi}_1(k))$ als Substitution für das Phasentupel (ϕ, ϕ_1) kann mit Gl. (1) die Differenz der optischen Weglänge $\Delta\acute{L}(k)$ bestimmt werden. Durch die Betrachtung der Phasenänderung kann dabei in jedem Abtastschritt der volle Eindeutigkeitsbereich $\pm N_R \cdot \frac{\Lambda}{4}$ ausgenutzt werden, da durch die Differenzbildung jede Änderung der optischen Weglängendifferenz in das Nullintervall abgebildet wird. Der absolute Abstand zum Nullphasentupel hat keinen Einfluss mehr und der Definitionsbereich ist $[-\infty, +\infty]$. Durch Zusammensetzen der einzelnen Wegänderungen $\Delta\acute{L}(k)$ kann ein kontinuierliches Oberflächenprofil ermittelt werden. In Abb. 1 b) ist die Auswirkung der Erweiterung des Definitionsbereiches durch das Δ-System für den in [2] vorgestellten Algorithmus anhand der Simulation eines komplexen Oberflächenprofils dargestellt. Die Teilabbildung b1) zeigt das Oberflächenprofil, für das die Phasenauswertung simuliert wird. In b2) sind die Ergebnisse der Signalauswertung für den Algorithmus mit und ohne Erweiterung des Definitionsbereichs durch Verwendung des Δ-Systems dargestellt. Es ist deutlich zu sehen, dass es ohne Verwendung des Δ-Systems ($- - -$) zu Fehlern bei der Auswertung von optischen Weglängendifferenzen L kommt, die außerhalb des Definitionsbereichs liegen. Mit der Erweiterung des Definitionsbereichs durch das Δ-System kann die Oberfläche fehlerfrei ermittelt werden.

4 Anwendung zur Stufenmessung

Im Fachgebiet Messtechnik der Universität Kassel befindet sich ein 3D-Topographie-Messplatz im Aufbau, der ein selbst gebautes, fasergekoppeltes, punktförmig messendes Common-Path-Interferometer mit mechanischer Weglängenmodulation und zwei Laserlichtquellen zur Distanzmessung nutzt [6]. Abb. 2 a) zeigt eine Photographie des Aufbaus mit drei kartesischen Linearachsen zur Durchführung des Oberflächenscans und der Fokusnachführung. An der vertikalen Achse ist die Messsonde an einem Biegebalken angebracht, der mittels eines Piezoaktors während der Messung periodisch ausgelenkt wird. In Abb. 2 b) ist das Ergebnis der Phasenauswertung von Sprüngen mit steigender Sprunghöhe unter Verwendung der konventionellen Ein- bzw. Zwei-Wellenlängen-Auswertung und unseres Algorithmus im Vergleich zur echten Sprunghöhe dargestellt. Um die fein abgestufte Sprunghöhe zu erzielen, wur-

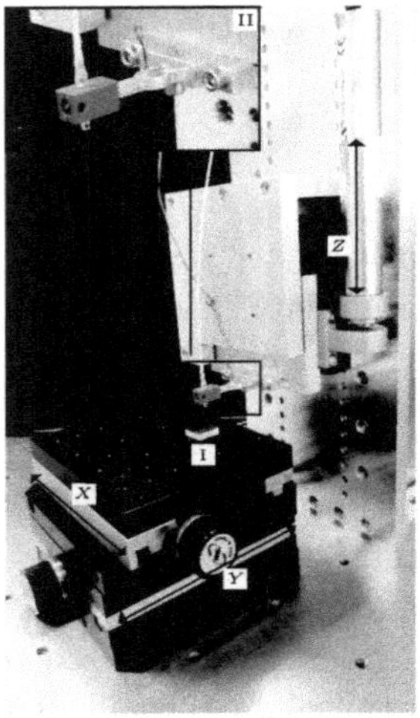

(a) 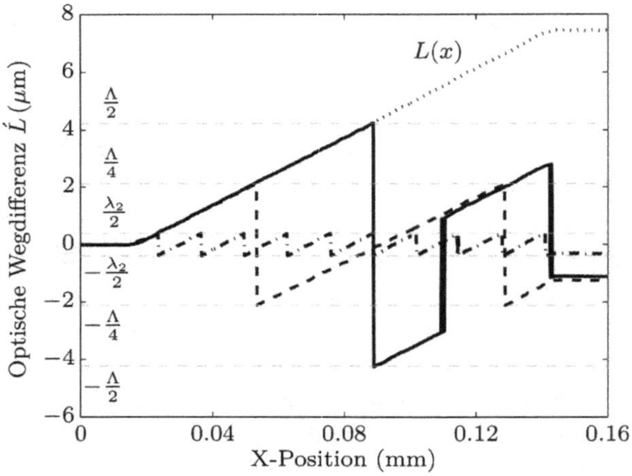　　　　　　　　(b)

Abb. 2. a) 3D-Topographie-Messplatz mit interferometrischem Punktsensor, I) Messobjekt, II) Interferometrischer Punktsensor. b) Ergebnis der Referenzmessung (···), Bestimmung der Sprunghöhe unter Verwendung der Ein-Wellenlängen-Auswertung (−·−), der konventionellen Zwei-Wellenlängen-Auswertung (− − −), der erweiterten Zwei-Wellenlängen-Auswertung (−).

den die Phasenwerte an der ansteigenden Flanke eines Tiefeneinstellnormals (KNT 4080/03, Fa. Halle) aufgezeichnet. Das Messobjekt wurde auf der Linearachse mit einer Geschwindigkeit von $v = 0{,}2$ mm s^{-1} unter dem Punktsensor bewegt, während die Phasenwerte ϕ_1, ϕ_2 der Interferenzsignale für die Wellenlängen $\lambda_1 = 1310$ nm und $\lambda_2 = 1550$ nm mit einer Frequenz von $f = 1000$ Hz aufgezeichnet wurden. Daraus resultiert ein lateraler Abstand von $0{,}2$ μm zwischen den Abtastpunkten. Das Phasentupel $(\phi_{10}, \phi_{20}) = (\phi_1(0), \phi_2(0))$ eines Punktes auf dem Ausgangsplateau wurde als Referenzphase verwendet. Die abgebildeten optischen Weglängendifferenzen wurden jeweils aus der Auswertung des Referenzphasentupels (ϕ_{10}, ϕ_{20}) und des Phasentupels $(\phi_{1x}, \phi_{2x}) = (\phi_1(x), \phi_2(x))$ am Punkt x bestimmt. Die Steigung an der Flanke des Tiefeneinstellnormals ist ausreichend gering, sodass durch die sehr robuste Auswertung bei einer einzelnen Wellenlänge in Verbindung mit einer Phase-Unwrapping Prozedur [5] ein zuverlässiges Referenzprofil $L(x)$ erstellt werden konnte. Das Referenzprofil $L(x)$ entspricht dem tatsächlichen, kontinuierlichen Verlauf des Tiefeneinstellnormals und ist in Abb. 2 b) als gepunktete Linie dargestellt. Die bei Anwendung der unterschiedlichen Auswertungsalgorithmen auf die durch die Tupelkombinationen (ϕ_{10}, ϕ_{20}), (ϕ_{1x}, ϕ_{2x}) simulierten Sprünge resultierenden Sprunghöhen sind ebenfalls in Abb. 2 b) dargestellt. Die Resultate der Ein-Wellenlängen-Auswertung (−·−), der konventionellen Zwei-Wellenlängen-Auswertung (− − −) und des erweiterten Algorithmus (−) zeigen deutlich die Vergrößerung des Eindeutigkeitsbereichs. Während bei der konventionellen Ein- bzw. Zwei-Wellenlängen-Auswertung der Eindeutigkeitsbereich auf $\pm\frac{\lambda_2}{4}$ bzw. $\pm\frac{\Lambda}{4}$ beschränkt ist, ermöglicht die erweiterte Zwei-Wellenlängen-Auswertung auch noch die eindeutige Bestimmung von Sprüngen bis zu einer Höhe von $\pm\frac{\Lambda}{2} = \pm4,23\,\mu$m. Dieses Ergebnis deckt sich mit der in Absatz 2 beschriebenen Vergrößerung des Eindeutigkeitsbereichs um den Faktor N_R aus Gl. (7), da für die gewählte Wellenlängenkombination $N_R = 2$ folgt. Auf dem Intervall $x \in [0.1, 0.16]$ sind Sprungstellen zu sehen. Die Sprunghöhe entspricht etwa $\frac{\Lambda}{2}$, daher ist die Sprungstelle wahrscheinlich auf einen Schätzfehler bei der Bestimmung der Streifenordnung $\acute{N}$ der synthetischen Wellenlänge zurückzuführen. Die Bedingung an die Wellenlängenstabilität $\Delta\lambda_1$ und das Phasenrauschen $\Delta\phi_1$ zur korrekten Streifenordnungsschätzung ist durch Gl. (10) gegeben [2].

$$N_R \cdot (\frac{2\Lambda}{\lambda_1} - 1)(\frac{\Delta\lambda_1}{\lambda_1}\frac{L}{\lambda_1} + \frac{\Delta\phi_1}{2\pi}) < 0.5 \tag{10}$$

Wird die Bedingung aus Gl. (10) verletzt, resultiert ein Fehler bei der Schätzung der Streifenordnung $\acute{N}$ der synthetischen Wellenlänge, und es kommt zu einem Sprung wie in Abb. 2 b).

5 Fazit und Ausblick

Die von de Groot [2] beschriebene theoretische Grundlage zur Ereiterung des Eindeutigkeitsbereichs in der Zwei-Wellenlängen-Interferometrie wird durch die Einführung eines Δ-Systems für die aufgezeichnete Phase so erweitert, dass der Algorithmus praktisch eingesetzt werden kann. Mit der physikalischen Simulation von Sprungstellen durch die Auswertung zweier Phasentupel an diskreten Positionen auf der Flanke eines Tiefeneinstellnormals wird gezeigt, dass das vorgestellte Verfahren zur Erweiterung des Eindeutigkeitsbereichs auch bei Verwendung von realen Messergebnissen, die mit einem interferometrischen Versuchsaufbau aufgezeichnet werden, korrekte Ergebnisse liefert. Die Resultate aus Abschnitt 4 zeigen, dass der vorgestellte Algorithmus ausreichend robust ist, um die bei einer Messung auf einer kontinuierlichen Oberfläche aufgezeichneten Phasenwerte auszuwerten und bei vorliegenden Phasenwerten aus zwei aufeinanderfolgenden Phasentupeln die Änderung der optischen Weglängendifferenz zwischen den Abtastungen innerhalb eines Eindeutigkeitsbereichs von $\pm N_R \cdot \frac{\Lambda}{4}$ zu bestimmen. Zur weiteren Evaluierung des Ansatzes sollen Messungen an Stufennormalen mit entsprechend steilen Kanten und geeigneter Stufenhöhe durchgeführt werden.

Literatur

[1]   M. Born and E. Wolf. *Principles of Optics*. Cambridge University Press, Cambridge, 7. edition, 1999.

[2]   De Groot, Peter J. Extending the unambiguous range of two-color interferometers. *App. Opt.*, (33):5948–5953, 1994.

[3]   K. Falaggis, D. P. Towers, and C. E. Towers. Algebraic solution for phase unwrapping problems in multiwavelength interferometry. *App. Opt.*, 53(17):3737–3747, 2014.

[4]   H. Jennewein, H. Gottschling, and T. Tschudi. Absolute Distanzmessung mit einem faser-optischen Interferometer: Absolute distance measurement with a fiber optic interferometer. *tm-Technisches Messen*, (67):410–414, 2000.

[5]   D. Malacara. *Optical Shop Testing*. Wiley Verlag, 3 edition, 2007.

[6]   M. Schulz and P. Lehmann. Measurement of distance changes using a fibre-coupled common path interferometer with mechanical path length modulation. *Meas. Sci. Technol.*, (24):065202 (8pp), 2013.

Heiko Schmidt und Tino Hausotte

Optimierung der Aussagekraft von optisch ermittelten Topografiedaten

Zusammenfassung: Optischen Verfahren zur Topografieermittlung von technischen Oberflächen sind zwei große Nachteile gemein. Einerseits können bei Aufnahmen Datensätze mit Löchern entstehen, andererseits existiert keine Aussage darüber, wie gut oder schlecht die Höhenwerte aus den einzelnen Pixeln zu ermitteln waren. Deshalb wurde eine Variante zur Erhöhung der Anzahl an gemessenen Punkten im Datensatz durch Mehrfachbelichtung und Möglichkeiten zur Bewertung der Einzelpunktqualität an Hand der Qualität des Rohsignals für die Weißlichtinterferometrie erarbeitet. Hiermit lässt sich die Aussagekraft der Topografiedatensätze steigern.

Schlagwörter: Topografiemessung optisch, Aussagekraft, Mehrfachbelichtung, Einzelpunktgütebewertung, Weißlichtinterferometrie

1 Einleitung

Die Anforderungen an die Güte von technischen Oberflächen steigen, u. a. durch höhere Belastungen auf die Bauteile und damit einhergehende engere Toleranzvorgaben, stetig an. Damit dennoch belastbare Konformitätsaussagen getroffen werden können, ist folglich auch eine Weiterentwicklung der Messtechnik auf diesem Gebiet nötig. Den bisherigen Stand der Technik stellt die taktile Profilmesstechnik [1; 3; 2] und die damit verknüpften Kenngrößen zur Qualitätsbeurteilung der Oberflächen, dar. Die Profilmesstechnik ist auf Grund der ausführlichen und bekannten Normung und des über Jahre hinweg aufgebauten Erfahrungsschatzes im industriellen Umfeld, besonders im Bereich des klassischen Maschinenbaus, vollkommen akzeptiert und wird als Referenz herangezogen. Ein großer Nachteil dieses Verfahrens ist allerdings, dass die taktile Oberflächenmesstechnik vorrangig für die Erfassung einzelner Profile optimiert wurde. Dies heißt im Umkehrschluss, dass die Qualität einer Oberfläche damit nur anhand eines 2-D-Schriebes, in Richtung der maximal zu erwartenden Abweichung von der Spezifikation, beurteilt werden kann. Eine derartige Begutachtung reicht dagegen für z. B. flächige Mikrostrukturen (siehe Abb. 1) nicht aus. Des Weiteren wird das taktile Verfahren durch dessen Risiko einer Beschädigung der zu messenden Oberflächen immer öfter für nicht optimal erachtet. Dies gilt insbesondere für sensible Bauteile z. B. aus Kunststoff oder Materialien mit ähnlich geringen Elastizitätsmodulen, sowie Bauteile an deren Oberflächengüte extreme Anforderungen, im Sinne sehr enger Toleranzen, gestellt werden (z. B. Flächen optischer Bauteile). Ebenso ist es

Heiko Schmidt, Tino Hausotte: FAU Erlangen-Nürnberg, Lehrstuhl für Fertigungsmesstechnik, mail: heiko.schmidt@fau.de

DOI: 10.1515/9783110408539-003

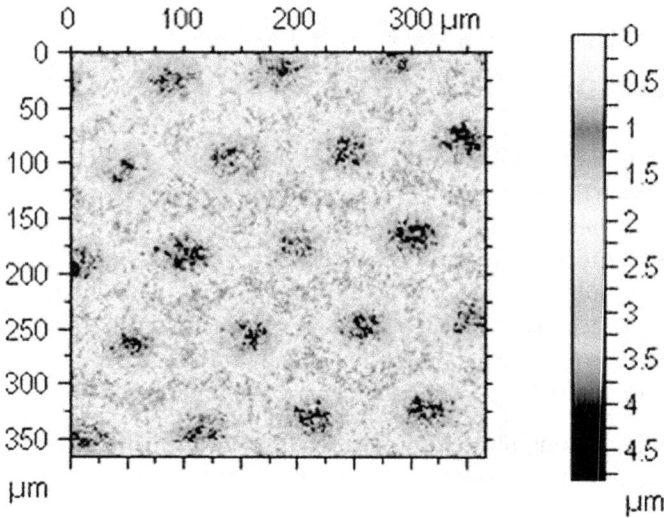

Abb. 1. Strukturierte Oberfläche mit Näpfchen

nicht möglich Oberflächen von Flüssigkeiten mit klassischen Profilometern zu erfassen. Auf Grund dieser genannten Nachteile werden vermehrt optische Oberflächenerfassungssysteme zur Beurteilung komplexer Oberflächenstrukturen und -geometrien bezüglich ihrer Funktionsfähigkeit herangezogen [9]. Je nach Auslegung und Messprinzip des Systems werden diese als Punkt-, Linien- oder Flächensensoren eingesetzt. Der große Vorteil der optischen Sensoriken besteht darin, dass sie zum Einen berührungslos arbeiten und zum anderen eine flächige Aufnahme der Oberfläche in bestimmten Grenzen (Bildfeldgröße, möglicher Scanweg, Stitching), ohne das Risiko der Beschädigung der Probe, möglich ist. Die flächig erfassenden Systeme bieten zudem einen erheblichen Zeitvorteil, da hierbei gegenüber der taktilen Messung, mit einer, im bestmöglichen Fall, einzigen Messung ein 3-D-Abbild eines Bereiches, abhängig von der Bildfeldgröße des Messsystems, der Oberfläche erzeugt werden kann. Bei der optischen Erfassung von Oberflächen tritt viel mehr als bei der taktilen Messung die Wechselwirkung zwischen Bauteil und Messsystem in den Vordergrund, was auch zu Nachteilen führen kann. Insbesondere bei sehr unregelmäßigen Oberflächen aus einem Materialmix oder/und unterschiedlich steilen Kanten wird die Erfassung und Auswertung der Topografiedaten erheblich erschwert. Um bestmögliche Datensätze erzeugen zu können, wurden folgende Optimierungsmöglichkeiten für die Weißlichtinterferometrie evaluiert:

– Mehrfachbelichtungen (ähnlich wie in [5]) zur Minimierung des Einflusses von Inhomogenitäten bezüglich Flankenwinkeln und Reflektivitäten mit dem Ziel der

Maximierung gültiger Punkte im Datensatz. Ein Punkt im Datensatz ist dann gültig, wenn eine problemlose Auswertung des Rohsignals durch das Messsystem möglich ist.

– Bewertung der Güte der Einzelmesspunkte im Datensatz zur Identifikation von Artefakten und zur selektiven Kombination der Datensätze aus den unterschiedlichen Belichtungsstufen mit dem Ziel der Erhöhung der Qualität der Messpunkte im Datensatz.

2 Mehrfachbelichtungen

Bei der optischen Erfassung technischer Oberflächen entstehen abhängig vom eingesetzten Messprinzip, der verwendeten Messsystem-Hardware und der zu erfassenden Oberfläche, unvollständige Datensätze. Derartige Datensätze besitzen nur eine sehr begrenzte Aussagekraft, da je nach Anteil fehlender Punkte und Bereiche, sowohl die Auswertealgorithmen zur Kenngrößenberechnung schlecht bis gar nicht funktionieren können, als auch die interessanten Bereiche (z. B. Kanten, Übergänge, Flanken) im Topografiedatensatz schlicht fehlen. Bei der kurzkohärenten Interferometrie resultieren die Lücken im Ergebnisdatensatz aus verzerrten oder nur sehr schwach ausgeprägten Korrelogrammen (siehe Abb. 2, links).

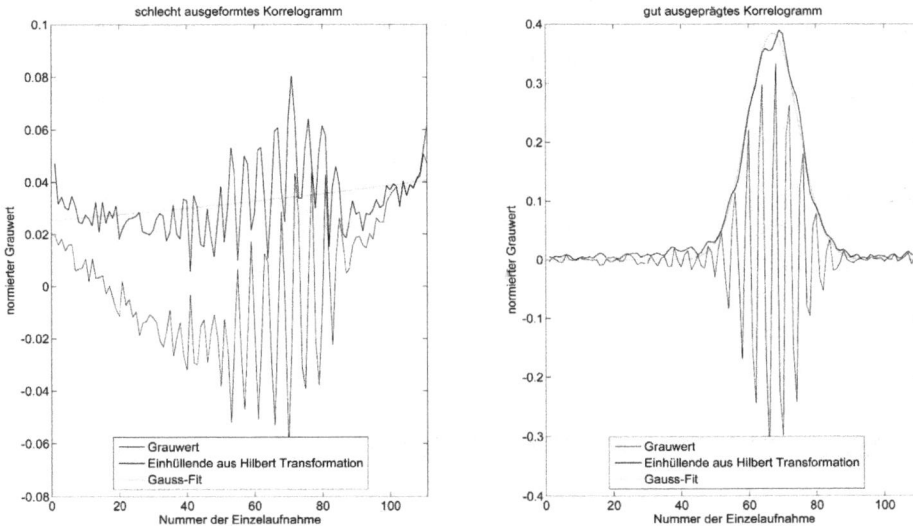

Abb. 2. Schlecht (links) und gut (rechts) ausgeformtes/auszuwertendes Korrelogramm

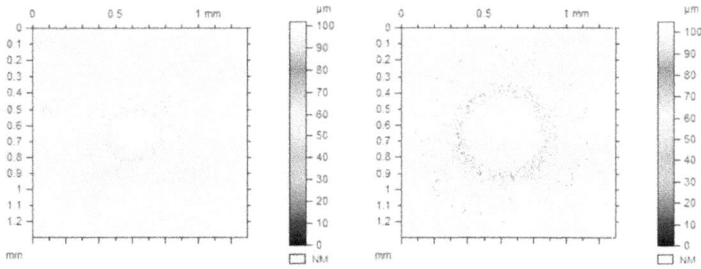

Abb. 3. Topografiedaten aus Messungen mit ansonsten gleichen Einstellungen aber unterschiedlicher Lichtintensität

Die schlechten bzw. verzerrten oder kaum ausgeprägten Korrelogramme entstehen dann,

- wenn eine zu geringe Lichtintensität auf Grund zu hoher Absorption des Prüflings auf dem Detektor auftrifft,
- wenn eine zu hohe Lichtintensität am Detektor zu einem Übersprechen führt,
- wenn eine zu geringe Lichtintensität auf Grund zu steiler Flanken am Messobjekt in die Optik zurück eingekoppelt wird.

Um im Falle inhomogener Oberflächen bezüglich der Verteilung der Flankenwinkel und der Reflexionseigenschaften die Anzahl der auswertbaren Pixel im Datensatz zu erhöhen, müssen auch die Aufnahmeparameter entsprechend der Inhomogenität gewählt werden [7]. D. h. hohe Lichtintensität des Messsystems für absorbierende, steile Oberflächen und umgekehrt für spiegelnde, flache Bereiche, wenig Intensität. Die Aufnahmen unterschiedlicher Lichteinstellungen weisen im Idealfall viele unterschiedliche gültige Pixel auf (siehe Abb. 3).

Je nach Oberflächenbeschaffenheit und Parameterwahl für die unterschiedlichen Aufnahmen kann selbst mit kommerziell erhältlichen Softwarepaketen zur Kombination der Einzeldatensätze eine Steigerung der Anzahl gültiger Punkte von 30 % erreicht werden (siehe Abb. 4).

3 Gütebewertung der einzelnen Pixel

Problematisch stellt sich bei einer einfachen Kombination der Einzelaufnahmen weiterhin dar, dass eventuell vorhandene Artefakte und Punkte mit nicht optimaler Güte im Ergebnisdatensatz auftauchen. Zur Qualitätsbewertung der Datenpunkte anhand des Rohsignals werden verschiedene Parameter verwendet:

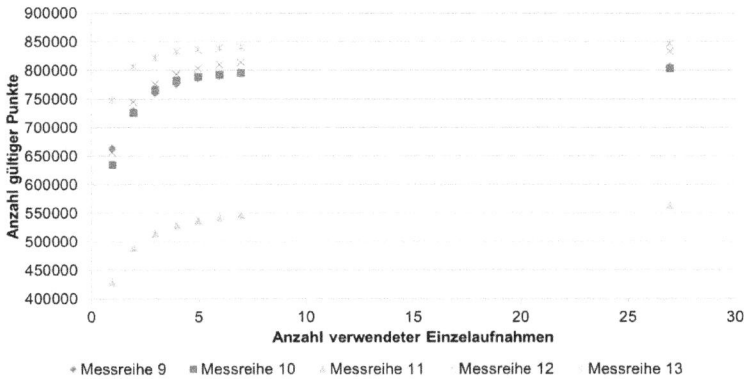

Abb. 4. Informationsgewinn durch Kombination (Prüfling: Nagelfeile, Diamant in Nickel-Matrix)

- Konvergenz des Gauß-Fits, Kriterium: Plausibilitätskontrolle auf realistischen Gauß-Fit, 0 < Mittelwert des Gauß-Fits < Anzahl der aufgenommenen Bilder während des Scans,
- Breite des Gauß-Fits (Sigma), Kriterium: Bereich der Standardabweichung, Breite des Gaußes im vgl. zur Soll-Korrelogrammbreite,
- Michelson-Kontrast, Kriterium: festgelegter Schwellwert für ein Kontrastminimum.

Deshalb ist es nötig, vor der Kombination eine Bewertung der Auswertbarkeit (siehe Abb. 5) der einzelnen Pixel vorzunehmen und dann diese selektiv zu kombinieren. D. h. sollten für ein Pixel mehrere Höhenwerte vorhanden sein, muss eine Entscheidung getroffen werden, wie damit diese in den Ergebnisdatensatz eingehen. Dazu bestehen grundsätzlich folgende Möglichkeiten:

- Verwendung des Höhenwertes des Pixels mit der höchsten Güte,
- Nutzung des Mittelwertes aus den verschiedenen Pixeln,
- Nutzung eines entsprechend der Güte des Pixels gewichteten Mittelwertes, schlechte Güte - weniger Gewicht, hohe Güte - mehr Gewicht, da der z-Wert des Pixels mit der hohen Güte wahrscheinlicher ist als der des schlechten Pixels.

4 Einzelpunktunsicherheitsabschätzung

Die Gütebewertung der einzelnen Höhenwerte dient vor allem dazu, eine erste Unterscheidung in „gültige" und „ungültige" Punkte innerhalb eines Datensatzes tätigen zu können. Um die Vertrauenswürdigkeit der einzelnen Werte innerhalb der Topografie-

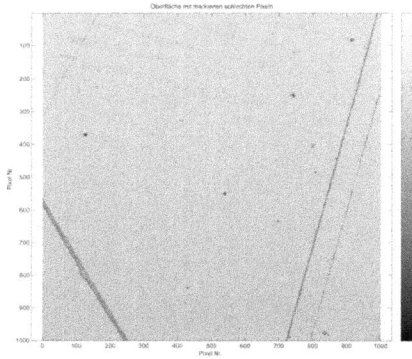

Abb. 5. Darstellung der Spannweite der Höhenwerte (in Bildern) und Identifikation der Bereiche mit schlechter Einzelpunktqualität

daten bewerten zu können, ist eine weitergehende Abschätzung der Einzelpunktunsicherheit nötig. Zur Extraktion des Höhenwertes aus einem Korrelogramm existieren prinzipiell verschiedene etablierte Möglichkeiten und Algorithmen [4]. Die genutzten Kriterien sind z. B.:

- der maximale Grauwert,
- der maximale Kontrast,
- der Erwartungswert des Gauss-Fits der Einhüllenden,
- die Auswertung der Phase (nicht bei optisch rauen Oberflächen).

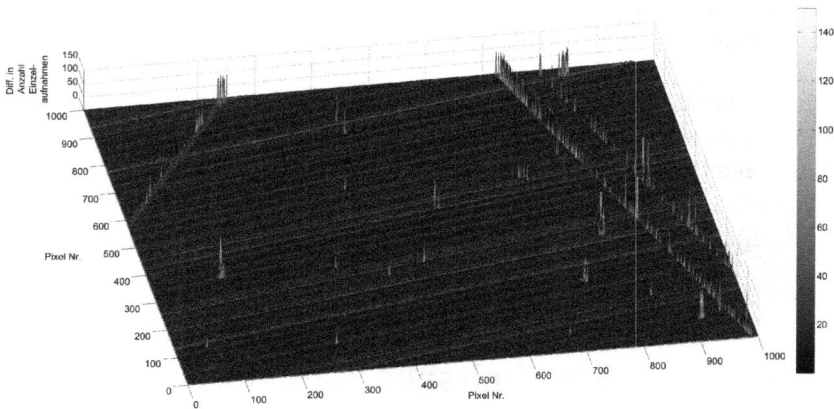

Abb. 6. Aufnahme eines Spiegels mit Kratzern und Darstellung der Bereiche mit hoher Schwankung der Höhenwerte (in Anzahl der Bilder) der einzelnen Algorithmen

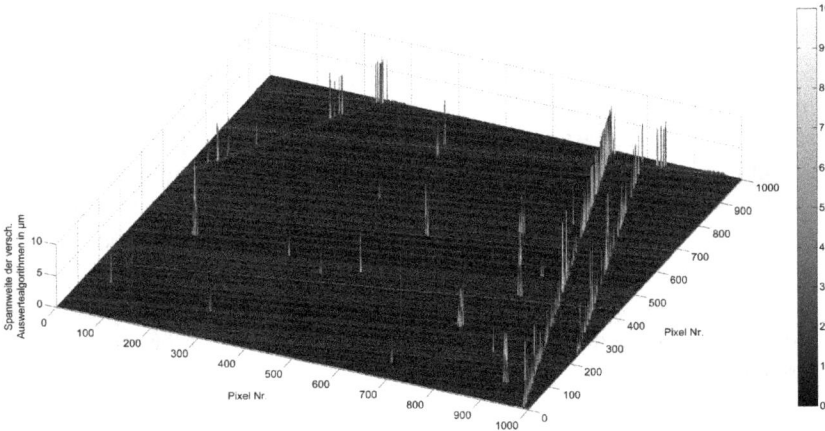

Abb. 7. Verknüpfung der Spannweite der Höhenwerte mit der Scan-Schrittweite, Abschätzung der Auswerteabweichung

Besonders durch die Form und Ausprägung des zu bewertenden Korrelogrammes wird die z-Höhenbestimmung beeinflusst und daraus resultiert ein Unterschied der ermittelten Höhenwerte. In (Abb. 6) wird ein Datensatz (Spannweite der Messdaten für unterschiedliche Auswertealgorithmen) eines Spiegels mit Beschädigungen in Form von Kratzern dargestellt. Wie zu erwarten ist, entsteht an den Rändern der Beschädigungen die größte Spannweite zwischen den einzelnen Algorithmen, dies stellt ein Indiz für die Schwierigkeiten der Auswertung und somit die Unsicherheiten in der Topographie dar.

Wird dieser Sachverhalt mit der Schrittweite bei der Aufnahme der Oberfläche verknüpft, kann eine erste Abschätzung für die Abweichungen aus der Auswertung erhalten werden, siehe (1).

$$Auswerteabweichung = (Algorithmenspannweite)(Scanschrittweite) \qquad (1)$$

Daraus lässt sich im nächsten Schritt eine anschauliche Darstellung der unterschiedlichen Qualität der einzelnen Datenpunkte für den Anwender des Messsystems ableiten. Im Gegensatz zu den bisher üblichen Darstellungen mit unvollständigen Datensätzen, ist es dem Benutzer dann ermöglicht, vollständigere Messdaten mit Hinweisen zur Vertrauenswürdigkeit der einzelnen Bereiche vorliegen zu haben, um die Konformitätsbewertung zu erleichtern. Kombiniert man dieses Wissen um die Qualitätsunterschiede der Einzelpunkte in den Datensätzen, mit den Abweichungskomponenten aus Umgebungsbedingungen (wie die Brechzahländerung der Luft zwischen Messobjekt und Objektiv während des Scans), der Hardware des Systems (wie Unvollkommenheiten des Objektivs in Form von z. B. Verzeichnung [8], Rauschen des Detektors) kann dann eine Abschätzung für die Gesamtabweichung des Systems getätigt werden.

5 Zusammenfassung

In den vorliegenden Arbeiten wurde ein Konzept entwickelt, das es ermöglicht, Datensätze optisch ermittelter Topografiedaten aussagekräftiger zu gestalten, indem zum Einen die Anzahl vorhandener Einzelpunkte durch Mehrfachbelichtung erhöht wurde (bis zu 30 % mehr Messpunkte gegenüber der besten Einzelaufnahme) und zum Anderen mutmaßlich fehlerhafte Einzelpunkte (deren Korrelogrammauswertung zu schwierig war) aus den Einzelaufnahmen nachvollziehbar gewichtet wurden und somit bei Bedarf (offensichtliche Ausreißer) entfernt werden oder die Gewichtungsdaten für weitere Verarbeitung der Datensätze [6], wie z. B. die Kenngrößenermittlung genutzt werden können.

Literatur

[1]   ISO 4287:1997 Geometrical Product Specifications (GPS) – Surface texture: Profile method – Terms, definitions and surface texture parameters (with ISO 4287:1997/Cor 1:1998, ISO 4287:1997/Cor 2:2005 and ISO 4287:1997/Amd 1:2009)
[2]   ISO 4288:1996 Geometrical Product Specifications (GPS) – Surface texture: Profile method – Rules and procedures for the assessment of surface texture
[3]   ISO 3274:1996 Geometrical Product Specifications (GPS) – Surface texture: Profile method – Nominal characteristics of contact (stylus) instruments
[4]   T. Seiffert. *Verfahren zur schnellen Signalaufnahme in der Weißlichtinterferometrie.* Dissertation, Friedrich-Alexander-Universität Erlangen-Nürnberg, 2007
[5]   U. Breitmeier. DE000020010830U1 *Konfokale Messvorrichtung.* 25.01.2001
[6]   C. M. Shakarji and V. Srinivasan. *Theory and Algorithms for Weighted Total Least-Squares Fitting of Lines, Planes and Parallel Planes to Support Tolerance Standards.* In *Journal of Computing and Information Science in Engineering*, volume 13, pages 031008-1–031008-111, 2013.
[7]   H. Schmidt and T. Hausotte. *Areal optical surface measurement - how to get reliable topography data*, AMA SENSOR 2015 - 17th International Conference on Sensors and Measurement Technology, Nürnberg, 19.-21.05.2015, ISBN: 978-3-9813484-8-4, DOI 10.5162/sensor2015/A8.1.
[8]   A. Henning, C. Giusca, A. Forbes, I. Smith, R. Leach, J. Coupland and R. Mandal. *Correction for lateral distortion in coherence scanning interferometry.* In *CIRP Annals - Manufacturing Technology*, volume 62, pages 547–550, 2013.
[9]   W. D. Hartmann. *Mess- und Auswertestrategien zur modellbasierten Bewertung funktionaler Eigenschaften mikrostrukturierter Oberflächen.* Dissertation, Friedrich-Alexander-Universität Erlangen-Nürnberg, 2014

Christian Herbst und Rainer Tutsch
Simulation parallelisierter taktiler Koordinatenmesstechnik für Mikrostrukturen

Zusammenfassung: Mikrotechnisch hergestellte Strukturen stellen besondere Herausforderungen an die geometrische Messtechnik. Optische Messverfahren werden wegen ihrer hohen Auflösung und Messgeschwindigkeit häufig zur Prüfung von Mikrostrukturen verwendet, haben jedoch Probleme bei glänzenden Oberflächen und hohen Aspektverhältnissen. Taktile Mikrotaster sind für viele Prüfungsaufgaben zu langsam. Dies führte zur Entwicklung eines taktilen Messsystems, welches durch Miniaturisierung und Parallelisierung an die besonderen Anforderungen mikrotechnischer Objekte angepasst ist. Mit einer Simulationsumgebung wurden die durch die Parallelisierung erforderlich gewordenen Antaststrategien entwickelt und getestet. Sie umfassen ein selbst kalibrierendes Kalibrierverfahren und die grundlegende Strategie zur Ausrichtung des Tasterarrays an das Messobjekt.

Schlagwörter: Mikrotechnik, Koordinatenmesstechnik, Miniaturisierung, Parallelisierung, Antaststrategie, Simulation

1 Einleitung

Mikrotechnisch hergestellte Strukturen stellen besondere Anforderungen an die geometrische Messtechnik. Der Einsatz optischer Messtechnik ist mit grundsätzlichen Problemen behaftet. Mikrotechnisch hergestellte Oberflächen sind sehr häufig hoch reflektierend. Sie sind daher für viele optische Messverfahren schwierig zu behandeln. Aufgrund der Reflexion geht das von der Beleuchtung kommende Licht entweder am Detektor vorbei, oder es wird vollständig in den Detektor reflektiert, so dass dieser übersteuert.

Eine weitere Herausforderung für optische Messverfahren stellen optisch nicht zugängliche Oberflächen der Messobjekte und hohe Aspektverhältnisse dar. Als Beispiele für optisch nicht zugängliche Oberflächen seien Bohrungen oder Hinterschneidungen genannt. Es leuchtet ein, dass solche Oberflächen optisch nicht messbar sind, weil von dort kein Licht auf den Detektor gelangen kann. Hohe Aspektverhältnisse sind in der Mikrotechnik häufig anzutreffen. Für die flächig messenden photogrammetrischen Verfahren sind sie schwierig zu behandeln. Es existiert zwar ein speziell für spiegelnde Oberflächen entwickeltes Verfahren. Doch bei einer Anpassung der bildgebenden Optik an die durch die Mikrotechnik vorgegebenen Größenordnungen wird der Bereich der Schärfentiefe zu klein, um Strukturmerkmale in Normalrichtung

Christian Herbst, Rainer Tutsch: TU Braunschweig, Institut für Produktionsmesstechnik,
mail: mail2@christian-herbst.de

DOI: 10.1515/9783110408539-004

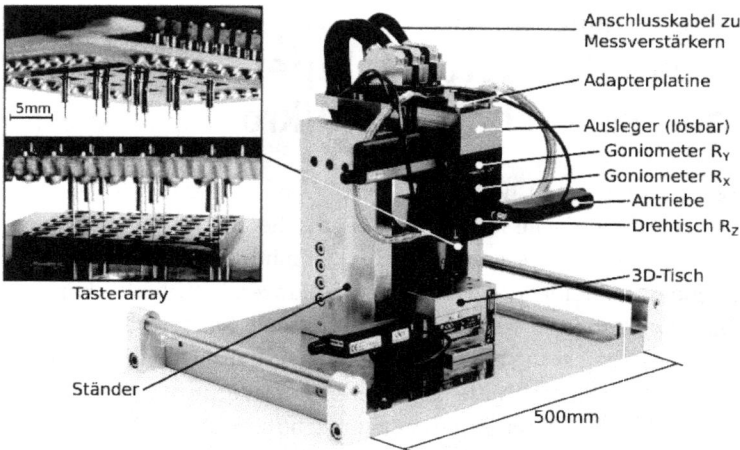

Abb. 1. Das Mikro-Koordinatenmessgerät [3]

abzubilden und zu messen. Die meisten anderen optischen Messverfahren nutzen die Wellennatur des Lichts aus. Sind die Strukturgrößen größer als die halbe Wellenlänge des verwendeten Lichts, treten schwer zu behandelnde Mehrdeutigkeiten auf.

Trotz der diskutierten Probleme werden mikrotechnische Strukturen in der Regel optisch gemessen, weil geeignete taktile Messtechnik nicht zur Verfügung stand. Mittlerweile sind Tasteelemente verfügbar, die an die Größenordnungen der Mikrostrukturen angepasst sind [1; 2]. Das entscheidende Problem ist jedoch weiterhin die große Anzahl von Strukturen, die gleichzeitig auf den Wafern prozessiert wird. Dieses Problem betrifft sowohl die optischen als auch die taktilen Verfahren. In der taktilen Messtechnik konnte ihm aber durch Parallelisierung der taktil messenden Taster zu einem Array begegnet werden (siehe Abb. 1).

Die Parallelisierung der Taster erforderte ein spezielles Mikro-Koordinatenmessgerät (μKMG), das durch drei zusätzliche rotatorische Freiheitsgrade die Ausrichtung des Tasterarrays an die Raumlage eines Messobjektes ermöglicht [4]. Um diese neue Messtechnik effizient untersuchen und weiter entwickeln zu können, wurde eine Simulationsumgebung programmiert. Basierend auf Analysen der mechanischen Eigenschaften des Einzeltasters wurde eine Kalibrierstrategie entwickelt, für die ein einfaches Kalibrierobjekt ausreicht. Weiterhin wurde die grundlegende Antaststrategie für alle parallelen Messungen mit dem Tasterarray entwickelt.

2 Untersuchung des Tasterverhaltens

Die Mikrotaster und die aus ihnen bestehenden Arrays wurden am Institut für Mikrotechnik (IMT) der TU Braunschweig entwickelt und hergestellt. Für die Herstellung der einzelnen Taster wird aus dem Siliziumwafer der sogenannte Boss mit der Form eines Pyramidenstumpfes herausgearbeitet. Auf diesen wird ein kommerziell erhältlicher Stift aufgeklebt, so dass der Einzeltaster die in Abb. 2 skizzierte Geometrie hat.

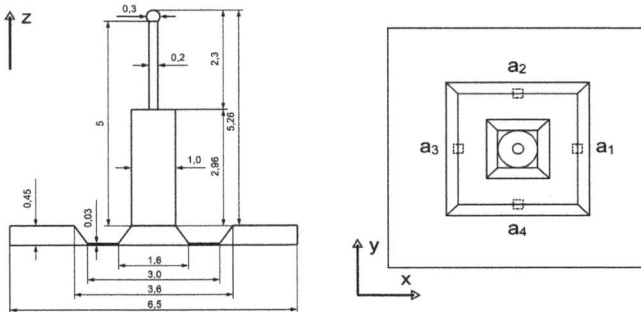

Abb. 2. Geometrie des Einzeltasters und Lage der Wheatstone-Brücken.

Der Boss ist von einer 30 µm dicken Membran umgeben, die das elastische Element der Konstruktion darstellt. Bei lateraler Antastung werden die Kräfte auf die Membran durch die Hebelwirkung des Taststiftes verstärkt, so dass der Taster bei Antastungen in x- und in y-Richtung wesentlich nachgiebiger ist als in z-Richtung. Dieses Verhalten führt bei bestimmten Antastrichtungen zum Abrutschen auf der Oberfläche des Messobjektes [4]. Dies Problem soll mit der Simulationsumgebung untersucht werden.

Das Verhalten der Einzeltaster wurde in [2] bestimmt, jedoch waren die experimentellen und die theoretischen Ergebnisse inkonsistent. Beim Design des Tasterarrays wurden die beiden für das Tasterverhalten entscheidenden Geometrieparameter, die Tasterlänge und die Membrandicke, verändert [3], so dass keine Daten über das mechanische Verhalten des Tasterarrays vorlagen. Dies machte die eingehende Analyse des Tasterverhaltens notwendig.

Weiterhin wurden bei den Messungen mit dem Mikro-Koordinatenmessgerät (µKMG) große Abweichungen der elektrischen Ausgangssignale von den Sollwerten gefunden. Die klassischen Fertigungsschritte wie beispielsweise Sägen oder Kleben sind mit Abweichungen behaftet, die mehrere Größenordnungen über den von den mikrotechnischen Fertigungsschritten verursachten Fehlern liegen. Daher wurde vermutet, dass die von den mechanischen Fertigungsschritten verursachten Fehler die Ursache für die gefundenen Abweichungen der Ausgangssignale der Taster sind.

2.1 Bestimmung des Tasterverhaltens

Die Analysen des Tasterverhaltens wurde mit der Finiten Element Methode (FEM) durchgeführt, denn diese Methode liefert die mechanischen Kenngrößen im gesamten berechneten Volumen. Bei neuen oder zusätzlichen Fragestellungen braucht daher keine zusätzliche Untersuchung durchgeführt zu werden. Die interessierenden Größen lassen sich einfach aus den bereits vorhandenen Daten extrahieren. Für das Tasterverhalten wurden die kraftabhängige Auslenkung der Tastkugel sowie die Dehnungen an den Positionen der Wheatstone-Brücken bestimmt, weil das elektrische Ausgangssignal einer Wheatstone-Brücke proportional zu der auf sie einwirkenden Dehnung ist.

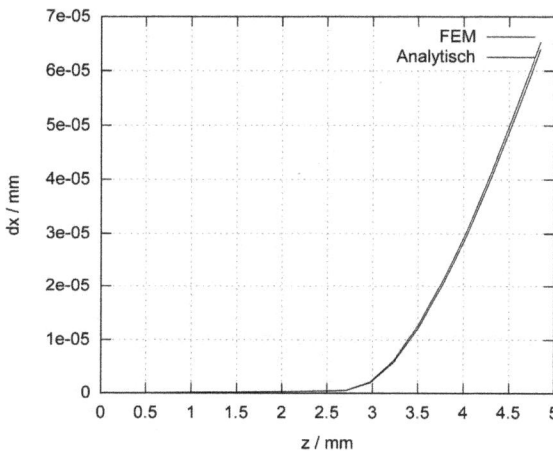

Abb. 3. Vergleich der mit FEM und analytisch berechneten Biegelinien des Taststiftes bei seitlicher Krafteinleitung.

Die Analysen wurden jeweils für alle drei Raumrichtungen durchgeführt. In [2] wurde eine maximale Linearitätsabweichung von 8 % gefunden. Die Durchführung von linearen FEM-Analysen war daher ausreichend. Diese Wahl hat den Aufwand der Untersuchungen ganz erheblich reduziert. Zum einen, weil die Analysen selber wesentlich weniger Aufwand erfordern, und zum anderen, weil bei linearen Analysen alle Kraftrichtungen und die resultierenden Ausgangsgrößen durch Superposition bestimmt werden können.

Die Analysen wurden mit dem quelltextoffenen Softwarepaket Calculix durchgeführt. Es bietet einen großen Funktionsumfang, der mit kommerziellen Softwarelösungen aus dem obersten Marktsegment vergleichbar ist. Dies war für die Analyse des anisotropen Werkstoffverhaltens von Silizium erforderlich. Die Steuerung von Calculix erfolgt durch Textdateien. Diese lassen sich auch programmgesteuert erzeugen, so

Tab. 1. Tasterverhalten der Idealgeometrie.

C_{xy} / mN/mm	$1{,}892 \cdot 10^{-3}$
C_z / mN/m	$80{,}108 \cdot 10^{-5}$
a_{xy} / 1/mN	$1{,}824 \cdot 10^{-5}$
a_z / 1/mN	$5{,}542 \cdot 10^{-6}$

dass sich die Variation der Tastergeometrie für die Untersuchung ihrer Auswirkung auf das Tasterverhalten vollständig automatisieren lässt.

FEM-Analysen sind ein numerisches Verfahren. Die Qualität der Ergebnisse hängt wesentlich von der Modellierung des untersuchten Problems ab. Um die Ergebnisse der FEM- Analysen zu überprüfen und die Modellierung anzupassen, wurden Teilergebnisse mit analytisch berechenbaren Fragestellungen verglichen. In Abb. 3 werden die analytisch und mit FEM berechneten Tasterbiegelinien einander gegenüber gestellt. Für die in Abb. 2 skizzierte Idealgeometrie wurde das Tasterverhalten bestimmt und in die Simulationsumgebung integriert. Die Zahlenwerte für die Federkonstanten C_i und die Ausgangssignale a_i sind in der Tab. 1 aufgeführt.

2.2 Einfluss der Geometrieabweichungen auf das Tasterverhalten

Bei den mechanischen Fertigungsschritten des Tasters werden fünf Geometrieparameter mit Fehlern behaftet:

- Die Tasterlänge
- Der Fußpunkt des Tasters auf dem Boss. Dieser wird durch zwei Parameter, seine Koordinaten auf dem Boss, beschrieben
- Der Richtungsvektor des Tasters lässt sich auf zwei Parameter reduzieren, beispielsweise durch die Angabe von zwei Eulerwinkeln.

Für diese Parameter wird ein Toleranzbereich der Klasse fein nach DIN/ISO 2768-1 angenommen. Bei Winkeln resultiert daraus ein Toleranzfeld von $\pm 1°$ und bei Längenmaßen ein Toleranzfeld von $\pm 0{,}05$ mm.

Eine Abweichung der Tasterlänge wirkt sich bei einer Antastkraft in z-Richtung nicht auf das Ausgangssignal aus, weil die Dehnungen an den Positionen der Wheatstone-Brücken bei dieser Lastrichtung von der Tasterlänge unabhängig sind. Der Taststift wird auf die gewünschte Länge gesägt, sodass ein Längenfehler nur den unteren dicken Teil des Taststiftes betrifft. Dessen Nachgiebigkeit ist im Vergleich zu der Bossmembran so klein, dass die Änderung der Tasterauslenkung vernachlässigt werden kann. Bei einer lateralen Antastung wirkt sich eine Änderung der Tasterlänge über die Hebelwirkung des Taststiftes proportional auf die Auslenkung aus. Auch in diesem Fall kann der Einfluss der Taststiftbiegelinie auf die Auslenkung vernachlässigt werden, da die Längenänderung im untereren Teil des Taststiftes erfolgt. Damit ergibt sich bei dem vorgegebenen Toleranzbereich für die Tasterlänge eine Änderung des Ausgangssignals von 1,6 %, die sich gut mit einer Antastkalibration der Einzeltaster erfassen lässt.

Weicht der Richtungsvektor vom Normalenvektor ab, verändert sich das am Fuß des Taststiftes wirkende Drehmoment. Dieser Vektor lässt sich in zwei Komponenten zerlegen. Die Wirkung des Torsionsmoments ist wegen des gewählten Toleranzbereiches und aufgrund der hohen Torsionssteifigkeit der Bossmembran vernachlässigbar. Das Kippmoment wirkt über die Kosinusfunktion wie eine Längenänderung des Taststifts im Promillebereich. Auch dieser Einfluss lässt sich gut über die Antastkalibrierung der Einzeltaster behandeln. Die Aussagen zu den Auswirkungen von Längenänderungen und Änderungen der Richtung des Taststiftes wurden durch FEM-Analysen verifiziert.

Um die Auswirkung von Fehlern der Fußpunktkoordinaten auf das Tasterverhalten zu untersuchen, wurden diese systematisch innerhalb des Toleranzbereiches variiert. Die auf das Verhalten der Idealgeometrie bezogene relative Veränderung des Tasterverhaltens, die durch die Verschiebung des Fußpunktes verursacht wird, hat eine maximale Größe von 10^{-3}. Damit lässt sich auch dieses Verhalten mit Antastkalibrierungen der Einzeltaster behandeln.

Keine Abweichung der fünf Geometrieparameter verursacht also einen systematischen Fehler, der so groß ist, dass die Abweichung des Geometrieparameters für seine Behandlung bestimmt werden muss. Damit ist die oben genannte Vermutung falsifiziert, dass die Abweichungen der Geometrieparameter bestimmt werden müssen. Dass diese Abweichungen durch die Antastkalibrierungen der Einzeltaster zu behandeln sind, macht das in Abschnitt 3.2 vorgestellte Kalibrierverfahren für das Tasterarray überhaupt erst möglich. Weiterhin reduziert die Reduktion der fünf Geometrieparameter auf drei, die Koordinaten der Tastkugelmittelpunkte, den Simulationsaufwand mit systematischen Untersuchungen und Monte Carlo Simulationen erheblich.

3 Antaststrategien für das Tasterarray

Die Parallelisierung der taktilen Koordinatenmesstechnik bringt zwei neue Aspekte mit sich: Zum einen muss das Tasterarray an die Orientierung des Messobjektes ausgerichtet werden, und zum anderen muss eine Kalibrierstrategie zusätzlich zu der Antastkalibrierung der Einzeltaster die relative Lage der Tastkugelmittelpunkte zueinander bestimmen. Dieser Schritt wird als Lagekalibration bezeichnet.

3.1 Ausrichtung des Tasterarrays an eine Ebene

Die parallel angetasteten Oberflächen des Messobjektes sind augrund der Periodizität der Nutzen auf dem Wafer parallel. Dies gilt auch bei gekrümmten Oberflächen, da in diesem Fall die Tangentialebenen in den Antastpunkten herangezogen werden können. Damit lassen sich die Antastpunkte in eine zu den angetasteten Elementoberflächen parallele Ebene projizieren. Die Mittelpunkte der Tastkugeln werden bei dieser Abbildung auf ein gestauchtes Bild projiziert. Daher ist die optimale Ausrichtung des Tasterarrays an eine Ebene der fundamentale Algorithmus zum Messen mit dem Tasterarray. Alle Strategien zur Ausrichtung lassen sich auf dieses Problem zurückführen.

Bei bekannter Lagekalibration wurde das Tasterarray bisher so ausgerichtet, dass die Ausgleichsebene durch die Tastkugelmittelpunkte parallel zu der Ebene ist, an der das Array ausgerichtet werden soll [4]. Dieses naheliegende Verfahren stellt jedoch nicht sicher, dass die größte auf einen einzelnen Taster wirkende Einzellast minimal ist.

Bei der neuen Strategie wird die maximale Last eines Einzeltasters bei vollständigem Kontakt aller Taster minimiert. Für alle Flächen der konvexen Hülle der Tastkugelmittelpunkte wird diejenige gesucht, bei welcher der Abstand zum entferntesten Kugelmittelpunkt am kleinsten ist. Das Tasterarray wird parallel zu dieser Fläche ausgerichtet.

3.2 Kalibrierung des Tasterarrays

Die naheliegende Kalibrierung an einem Kalibrierobjekt mit einer zum Tasterarray äquivalenten Geometrie aus neun Kugeln, die in der gleichen lateralen Periodizität angeordnet sind, bringt zwei Probleme mit sich:

1. Alle Maße des Kalibrierobjekts müssen hinreichend genau bekannt sein. Es müssen also nicht nur die Parameter der Kalibrierkugeln, sondern auch ihre relative Lage zueinander, mit einer Genauigkeit bekannt sein, welche die angestrebte Genauigkeit des Messverfahrens um eine Größenordnung übertrifft. Für das µKMG wird eine mit der herkömmlichen Koordinatenmesstechnik vergleichbare Messgenauigkeit im µm-Bereich angestrebt. Daher sind die Lageparameter der Kalibrierkugeln wegen der räumlichen Ausdehnung des Kalibrierobjektes allein unter dem Aspekt der Wärmedehnung eine Herausforderung.
2. Für diese Kalibrierstrategie muss das noch unkalibrierte Tasterarray an dem Kalibrierobjekt ausgerichtet werden. Dies ist eine vorangestellte Lagekalibration mit dem Träger der Kalibrierkugeln als Kalibriernormal. Sie bringt eine entsprechende Genauigkeitsforderung für den Träger der Kalibrierkugeln mit sich.

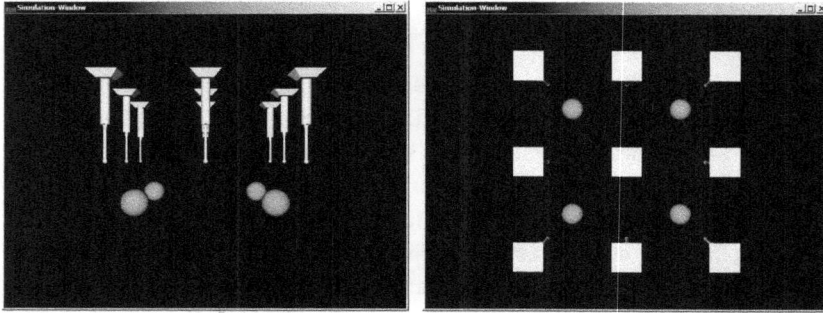

Abb. 4. Das Kalibrierobjekt mit vier Kugeln in der Simulationsumgebung

Die beiden diskutierten Probleme werden durch das Kalibrierobjekt in Abb. 4 gelöst, das mit der Simulationsumgebung entwickelt und evaluiert wurde. Es ermöglicht die Antastkalibrierung für jeden Einzeltaster, ohne dass es dabei zu ungewollten Kollisionen mit einem anderen Taster kommt. Anderseits können alle vier Kalibrierkugeln innerhalb der Bewegungsgrenzen des µKMGs mit dem mittleren Taster des Arrays gemessen werden, so dass auf diese Weise die Lagekalibration der Kalibrierkugeln durch das µKMG selbst erfolgt. Die Referenz für diesen Schritt ist dabei das Positioniersystem des µKMGs. Dessen Kalibrierung - beispielsweise mit einem Laserinterferometer - ist ohnehin notwendig und aus der herkömmlichen Koordinatenmesstechnik bekannt.

Danksagung: Die Autoren danken der Deutschen Forschungsgemeinschaft DFG für die Förderung des zugrunde liegenden Projekts, FKZ: TU 135 im Rahmen des Schwerpunktprogramms SPP 1159.

Literatur

[1]   Bütefisch, S.: Entwicklung von Greifen für die automatisierte Montage hybrider Mikrosysteme. Dissertation, Technische Universität Braunschweig, 2003

[2]   Phataralaoh, A.: Entwicklung piezoresistiver taktiler Sensoren für die Charakterisierung von Mikrokomponenten. Dissertation, Technische Universität Braunschweig, 2009

[3]   Krah, T.: Mikrotasterarrays zur parallelisierten Messung von Mikrostrukturen. Dissertation, Technische Universität Braunschweig, 2010

[4]   Schrader, C.: Kalibrierung und Anwendung von Mikrotasterarrays. Dissertation, Technische Universität Braunschweig, 2012

Christian Viehweger und Olfa Kanoun
Modellierung der Energieverfügbarkeit für das Energiemanagement Solarversorgter Drahtloser Sensorsysteme

Zusammenfassung: Für einen kontinuierlichen Betrieb von solarzellenbasierten drahtlosen Sensorsystemen wird ein intelligentes Energiemanagement benötigt. Damit die Verteilung der eingehenden Leistung zwischen Speichern und Last optimal erfolgen kann, ist eine Voraussage des Energieverlaufs notwendig, wodurch sich die bestmögliche Ausnutzung der Leistung planen lässt. Prognosemodelle nach dem Stand der Technik sind aufgrund ihrer hohen Anforderungen an Speicher, Rechenleistung und Eingangsparameter nicht für den Betrieb auf ultra-low-power Systemen geeignet. Im Rahmen dieser Veröffentlichung wird ein Verfahren beschrieben, welches auf drahtlosen Sensorknoten eingesetzt werden kann und eine bessere Planung von Betriebszuständen ermöglicht.

Schlagwörter: Drahtlose Sensornetze, Solarzellen, Energy Harvesting, Prognose

1 Einleitung

Die Versorgung von drahtlosen Sensorknoten mit Energy Harvesting ist für deren Einsatzfähigkeit von großer Bedeutung, weil auf diese Weise ein dauerhafter Betrieb ohne regelmäßige Wartungsintervalle erfolgen kann. Die Verwendung von Solarzellen bietet dabei eine weit fortgeschrittene und zuverlässige Technologie, welche sich auf unterschiedliche Einzelsysteme anpassen lässt. Ein entscheidender Vorteil ist die regelmäßige und berechenbare Verfügbarkeit der Energie. Speziell für solarbetriebene Sensorknoten ist ein intelligentes Energiemanagement (EM) notwendig, welches u. a. die fehlende Energie bei Nacht überbrücken kann. Die funktionsweise eines EM für solarbasierte drahtlose Sensorknoten ist in Abb. 1 dargestellt. Ziel ist die Steuerung sämtlicher Energieflüsse, zwischen Quelle und DC/DC-Wandler, zur Last und unter Einbezug der Speicher (Kurz- oder Langzeitspeicher). Dazu muss das EM alle Komponenten überwachen, beispielsweise im Hinblick auf eingehende Energie oder den Ladezustand der Speicher. Dies ermöglicht eine Steuerung des DC/DC-Wandlers, besonders zum Einstellen des optimalen Arbeitspunkts der Solarzelle (Maximum Power Point Tracking, MPPT) oder aber zur Steuerung der Last. Die Last besteht in drahtlosen Sensorknoten in der Regel aus Funksystem, Mikrocontroller und Sensor(en). Da die verfügbare Energie aufgrund des Energy Harvesting stark begrenzt ist und den limitierenden Faktor für die Funktionalität darstellt, muss dass EM den Verbrauch ent-

Christian Viehweger, Olfa Kanoun: Professur Mess- und Sensortechnik, Technische Universität Chemnitz, mail: christian.viehweger@etit.tu-chemnitz.de
DOI: 10.1515/9783110408539-005

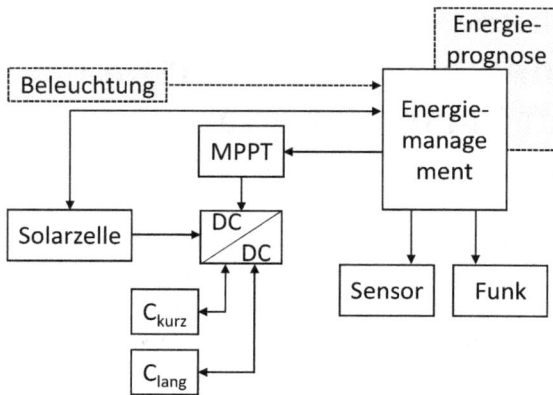

Abb. 1. Schematischer Aufbau eines Energiemanagements für solarbetriebene Sensorknoten

sprechend dem sich aus dem Ladezustand der Speicher und der aktuell eingehenden Energie ergebenden energetischen Ist-Zustand Betriebsmodi wählen, mit denen die Funktion auf absehbare Zeit gesichert ist. Die Betriebsmodi stellen in diesem Fall hauptsächlich Mess- bzw. Sendeintervalle ein. Damit steht das EM vor der Aufgabe festzulegen, wohin die aktuelle Leistung geleitet wird (Speicher oder Last) und wie hoch der Verbrauch sein soll. Würden diese Zustände dabei ausschließlich basierend auf dem Ist-Zustand eingestellt werden, würde dies bewirken dass die Energie über den Tag betrachtet nicht optimal genutzt werden kann. Für ein bestmögliches Einstellen der Betriebszustände ist eine Voraussage der eingehenden Leistung notwendig, sodass diese im Tagesmittel konstant genutzt werden kann und sich daher keine Fehlzeiten oder Leistungsspitzen ergeben. Bei vollständiger Kenntnis des zukünftigen Verlaufs würde sich eine konstante und damit berechen- und planbare Funktionalität der Sensorknoten ergeben.

2 Stand der Technik zu Prognosemodellen für Solarenergie

Zur Vorhersage der eingehenden Globalstrahlung, aus welcher sich unter Kenntnis der Wirkungsgrade und geometrischen Beziehungen die verfügbare Leistung ergibt, existieren verschiedene Verfahren die sich hinsichtlich Komplexität, Genauigkeit und Anforderungen teilweise deutlich unterscheiden. Die grundlegende Betrachtung besteht in der Berücksichtigung des AM-Spektrums (Air Mass). Dieses gibt, in Abhängigkeit von der Höhe bzw. vom Verkippungswinkel und der damit verbundenen Weglänge des Sonnenlichts innerhalb der Erdatmospäre die eingehende Strahlung an [1]. Je größer die Weglänge innerhalb der Luft desto stärker werden einzelne Wellenlän-

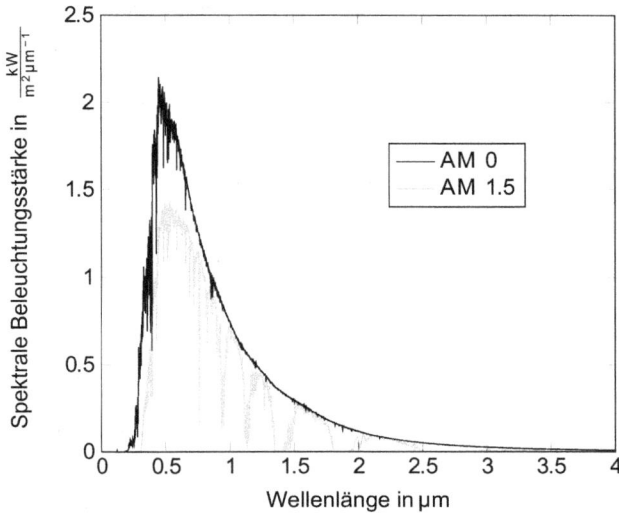

Abb. 2. AM 0 und AM 1,5 Spektrum. Quelle: [2]

gen unterdrückt. Das Ergebnis ist in Abb. 2 zu sehen. Das AM 0-Spektrum entspricht einer Empfängerfläche außerhalb der Erde, das Spektrum für AM 1,5 wird mit einem Verkippungswinkel der Solarzelle von 48,2° auf der Erdoberfläche berechnet. Der in der Abbildung erkennbare Unterschied in den Beleuchtungsstärken ist abhängig von den Winkelbeziehungen zwischen Solarzelle und Sonne bzw. Position innerhalb der Atmosphäre, womit sich die zu erwartende Leistung bestimmen lässt.

In der Ermittlung der verfügbaren Energie auf Basis des AM-Spektrums besteht im Wesentlichen der Nachteil, dass keine weiteren störenden Effekte berücksichtigt werden, welche jedoch unter realen Bedingungen einen sehr großen Einfluss zeigen. Eine Erweiterung dazu stellen die in der Literatur gebräuchlichen Clear-Sky bzw. Cloud-Sky oder Mean-Sky Modelle dar. Sie berücksichtigen verschiedene Wetter- oder Verschmutzungseffekte um eine genauere Berechnung zu ermöglichen [3]. Beispiele für diese Parameter sind u. a. Lufttemperatur, Luftfeuchtigkeit, Aerosolstreuung, Ozongehalt oder mittlere Wassersäule. So wird beispielsweise die eingehende Globalstrahlung durch Streuung an Aerosolen oder Absorption gedämpft. Je nach Position auf der Erde spielen dabei unterschiedliche Effekte eine unterschiedlich starke Rolle, so zum Beispiel bei der Luftverschmutzung durch Rußpartikel. Weiterhin werden häufig Wettereinflüsse wie Wolkenbildung (auch satellitenbasiert) herangezogen. Typische Schätzfehler für diese Verfahren liegen im günstigsten Fall im Bereich von 10–20 %, können unter schlechten Bedingungen jedoch auch auf 50 % oder höher ansteigen [4].

Für den Einsatz der Clear-Sky Modelle in drahtlosen Sensorknoten sind deren verwendete Parameter, sowie Speicher- und Rechenaufwand limitierend. Die Messung verschiedener Parameter am Knoten selbst nur zum Zweck der Energievoraussage ist nicht verhältnismäßig. Dies gilt ebenfalls für den Einsatz von Wetterdienst- oder Satellitendaten. Die Voraussage darf die Energiebilanz eines Knotens nicht negativ beeinflussen und soll ihm eine unabhängige Verbesserung der Effizienz des Einsatzes seiner Energie ermöglichen. Es ist daher notwendig ein Prognosemodell zu finden, welches mit minimalem Parametereinsatz, geringer Rechenzeit und minimalem Datenspeicher eine Funktionalität erreicht, welche mit herkömmlichen Clear-Sky Ansätzen zu vergleichen ist.

3 Modellansatz für Sensorknoten

Das Modell mit der geringsten Komplexität welches die oben genannten Anforderungen erfüllt ist das ASHRAE-Modell (American Society of Heating, Refrigerating, and Air-Conditioning Engineers) zur Modellierung der direkten Sonneneinstrahlung. Dieses entspricht der Hüllkurve um den täglichen Verlauf der direkten Sonnenenergie und damit dem idealen Tagesverlauf der Energie. Die Exponentialfunktion für die DNI (Direct Normal Irradiance) ist angegeben mit [5]:

$$DNI = E_0 \cdot e^{\left(\frac{-k}{\sin(\alpha)}\right)},$$

mit dem Dämpfungsfaktor k, der extraterrestrischen Bestrahlungsstärke E_0 und dem Winkel zwischen Sonne und Empfängerfläche α. Mit der Hüllkurve lässt sich für jeden Tag der Verlauf des Optimums an eingehender Leistung angeben. Dieser entspricht dem Erwartungswert für die Energieversorgung. Wird dieser Erwartungswert mit der sich zu jedem Betrachtungszeitpunkt ergebenden tatsächlichen Momentanleistung verglichen, d. h. es werden Soll- und Istleistung miteinander vergleichen, lässt sich ein ΔDNI bestimmen, welches je nach Umweltbedingungen einem Fehlbetrag entspricht oder zu Null wird. Eine Veranschaulichung dieses Zusammenhangs ist in Abb. 3 gezeigt. Sie zeigt zum einen den durch die Hüllkurve vorgegebenen Idealverlauf und in Kontrast dazu den Realverlauf, welcher aufgrund wechselhafter abschwächender Einflusseffekte schwankt.

Um den Ablauf im Labor nachstellen und simulieren zu können, wurden im Verlauf von mehreren Monaten Hüllkurven aufgezeichnet, an welche sich die Modellfunktion anpassen lässt. Durch die Anpassung können die Einflüsse der Position auf der Erdoberfläche, welche im ASHRAE Modell durch Höhen- und Breitengrad berücksichtigt werden, vernachlässigt werden. Damit besteht die Möglichkeit das Modell ohne Vorwissen unabhängig vom Einsatzort zu verwenden. Beispiele für die aufgezeichneten Tageskennlinien sind in Abbildung 4 zu sehen. Hier sind beispielhaft die Dichten der Kennlinien der Monate Februar, Mai, August und November dargestellt. Die Y-Achse zeigt jeweils den normierten Wert der Beleuchtung, welcher proportional zur eingehenden Leistung ist und damit der Hüllkurve entspricht. Die X-Achse entspricht den einzelnen Betrachtungspunkten pro Tag und damit der Zeit. Wie zu erkennen ist,

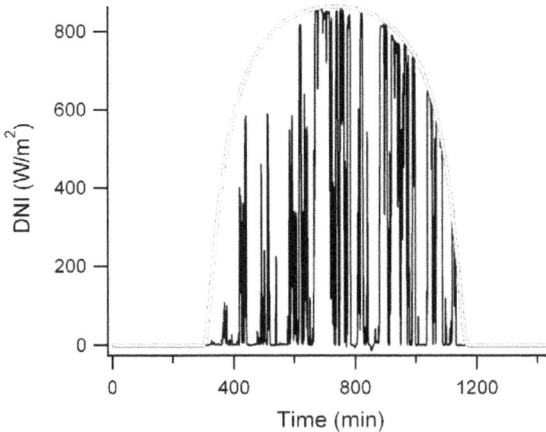

Abb. 3. Vergleich zwischen idealem und realem Verlauf der eingehenden Solarleistung. Aus [5].

zeigen sich erwartungsgemäß in den Monaten November und Februar deutlich stärkere Schwankungen als im Bereich des Sommers. Grund hierfür sind die wechselhaften Wetterbedingungen und der niedrigere Sonnenstand in den Wintermonaten. Unabhängig von den saisonalen Schwankungen spiegelt sich der durch Abb. 3 beschriebene Hüllkurvenverlauf wider.

4 Anwendung für Drahtlose Sensornetze

Für die Umsetzung in drahtlosen Sensorknoten spielt die Unabhängigkeit von der Vorhersage eine wichtige Rolle, damit das Verfahren allgemein angewendet werden kann und keine Anpassung auf unterschiedliche Systeme notwendig ist. Der Ablauf der Methode ist in Abb. 5 dargestellt. Durch ein Aufzeichnen des Tagesverlaufs und der daraus abgeleiteten Hüllkurve, kann das ASHRAE Modell täglich aktualisiert werden und steht damit als Referenz zur Verfügung. Wie stark und wie lang die Einzeltage den Verlauf beeinflussen, wird durch die Variationen zwischen zwei Tagen bestimmt. Neben der Aktualisierung der Modellparameter wird der Einzeltag (welcher dem Realverlauf entspricht) gleichzeitig verwendet um einen Vergleich zum Idealverlauf anzustellen. Die sich daraus ergebenden Abweichungen dienen in der Folge der Prognose des Energieverlaufs bzw. der Planung der Betriebszustände. Der Vorteil dieser Methode liegt darin, dass keine vollständigen Kennlinien abgespeichert werden müssen sondern lediglich die zeitlichen Verläufe der Parameter, aus denen sich anschließend für einen Bestimmten Zeitpunkt die Kennlinien rekonstruieren lassen. Dargestellt ist dieser Zusammenhang in Abbildung 6. Sie zeigt zwei beispielhafte Tagesverläufe mit derem zugehörigen vorausberechneten Idealverlauf. Aus der Differenz der Werte lässt sich

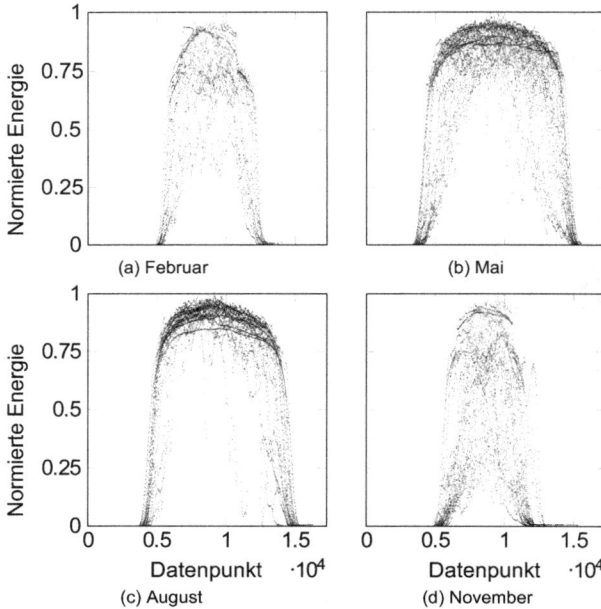

Abb. 4. Verteilungsspektrum der Einzelkurven in den jeweiligen Monaten Februar - November.

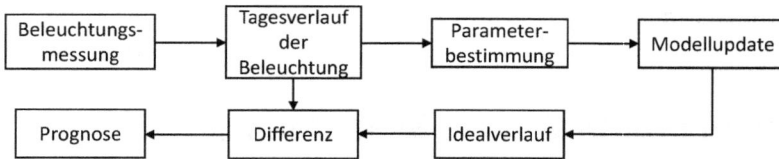

Abb. 5. Ablauf des Prognoseverfahrens mit regelmäßiger Aktualisierung der Modellparameter.

erkennen, ob die aktuell eingehende Energie niedriger, höher oder in der Nähe dessen liegt, was durch das Modell erwartet wird. Die Genauigkeit des ASHRAE-Modells für die in der Datenbank erfassten Kennlinien ist in Tabelle 1 beschrieben. Wie zu erkennen ist, liegt der Fehler maximal bei 15,8 %, im Durchschnitt liegt er bei etwa 11 %. Damit liegt dieser Ansatz im Ungenauigkeitsbereich dessen, was aus dem Stand der Technik bekannt ist und verwendet gleichzeitig lediglich die eingehende Beleuchtung als Parameter. Eine Umsetzung auf drahtlosen Sensorsystemen ist daher aus technischer Sicht möglich.

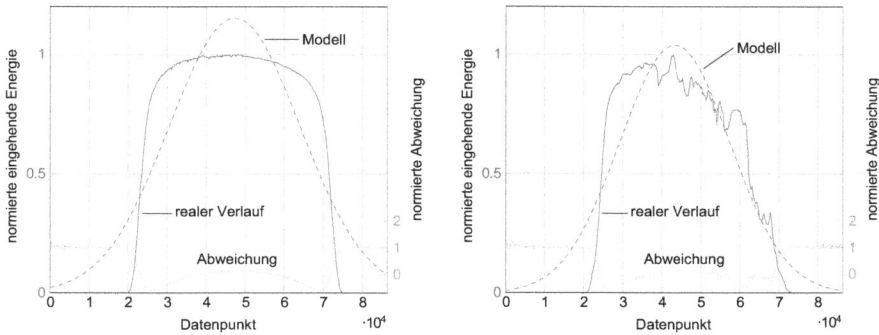

Abb. 6. Vergleich zwischen Modell, realer Messkurve und Abweichung zwischen beiden für zwei unterschiedliche Tage.

Tab. 1. Anpassungsfehler zwischen Modell und Messkurven, aufgeschlüsselt für einzelne Monate.

Monat	J	F	M	A	M	J	J	A	S	O	N	D
RSME	8 %	9 %	11 %	13 %	13 %	13 %	16 %	14 %	13 %	9 %	6 %	8 %
R^2	0,96	0,95	0,93	0,92	0,91	0,9	0,87	0,9	0,91	0,95	0,98	0,96

5 Zusammenfassung

Mit dem ASHRAE-Ansatz wird es möglich positionsunabhängig die eingehende Hüllkurve der Solarleistung zu modellieren. Mit dieser Leistung lässt sich der Verlauf des Optimums der zur Verfügung stehenden Energie bestimmen. Durch den Vergleich zwischen real eingehender Leistung und simulativ bestimmter theoretischer Maximalleistung lässt kann das Energiemanagement eine Prognose durchführen. Diese Vorhersage ist Basis für die Einstellung des optimalen Betriebszustands und damit des Verbrauchs. Aufgrund der Eigenschaften dieses Ansatzes ist die Durchführung auch unter Beachtung der beschränkten Ressourcen drahtloser Sensorknoten möglich.

Literatur

[1] Riordan, C.; Hulstron, R., What is an air mass 1.5 spectrum?, Photovoltaic Specialists Conference, 1990., Conference Record of the Twenty First IEEE , vol., no., pp.1085,1088 vol.2, 21-25 May 1990 doi: 10.1109/PVSC.1990.111784

[2] Renewable Resource Data Center (RReDC), Reference Solar Spectral Irradiance: Air Mass 1.5, ASTM G173-03 Tables

[3] Badescu, V.; Gueymard, C. A.; Cheval, S.; Oprea, C; Baciu, M.; Dumitrescu, A.; Iacobescu, F.; Milos, I; Rada, C., Computing global and diffuse solar hourly irradiation on clear sky. Review

and testing of 54 models, Renewable and Sustainable Energy Reviews, Volume 16, Issue 3, April 2012, Pages 1636-1656, ISSN 1364-0321, doi: 10.1016/j.rser.2011.12.010

[4] Shi, J.; Lee, W.-J.; Liu, Y.; Yang, Y.; Peng, W., Forecasting power output of photovoltaic system based on weather classification and support vector machine, Industry Applications Society Annual Meeting (IAS), 2011 IEEE , pp.1,6, 9-13 Oct. 2011, doi: 10.1109/IAS.2011.6074294

[5] Carlos M. Fernández-Peruchena, Manuel Blanco, Martín Gastón, Ana Bernardos, Increasing the temporal resolution of direct normal solar irradiance series in different climatic zones, Solar Energy, Volume 115, May 2015, Pages 255-263, ISSN 0038-092X, doi: 10.1016/j.solener.2015.02.017

Dmytro Krush, Christoph Cammin, Ralf Heynicke und Gerd Scholl

Standardisierung eines schnellen drahtlosen Sensor/Aktor-Netzwerkes für die Fertigungsautomatisierung

Zusammenfassung: Drahtlose Kommunikationstechnologien konnten sich in den letzten Jahren auch im industriellen Umfeld fest etablieren. Im Vergleich zu Standard-Büro-Anwendungen sind in der Regel jedoch die Anforderungen bezüglich Robustheit, Koexistenzfähigkeit, Ausfallsicherheit und Latenzzeiten deutlich höher [1; 2; 3]. Gemäß VDI/VDE 2185 [4] lassen sich die jeweiligen Automatisierungslösungen den Branchen Logistik/Transport, Infrastrukturanlagen, Gebäudeautomatisierung sowie Fertigungs- und Prozessautomatisierung zuordnen. In allen Bereichen, bis auf die Fertigungsautomatisierung, bei der aktuell auf spezialisierte proprietäre Lösungen gesetzt wird, konnten sich entsprechende Industriestandards etablieren [5]. In diesem Beitrag wird dargestellt, welche besonderen Herausforderungen im Bereich der Fertigungsautomatisierung an die Sensor/Aktor-Kommunikation gestellt werden. Ferner wird eine mögliche Lösung vorgestellt, die in Zusammenarbeit mit industriellen Partnern innerhalb der Profibus-Nutzerorganisation entwickelt wurde und die sich momentan in der Endphase des Standardisierungsprozesses befindet.

Schlagwörter: Industrie 4.0, PNO, IO-Link Wireless, Wireless Sensor/Aktuator Network, Reliable Real-Time Communication

1 Einleitung

Im Kontext von Industrie 4.0 steigt der Bedarf an intelligenten Sensoren bzw. Aktoren und deren Vernetzungsgrad innerhalb des industriellen Fertigungsprozesses. Drahtlose Technologien bieten hier viele Vorteile, wie z.B. eine vergleichsweise einfache und kostengünstige Installation oder Nachrüstung von Sensoren/Aktoren insbesondere an beweglichen bzw. mobilen Objekten. Völlig neue Ansätze sind möglich, wenn nicht nur die Kommunikationskabel, sondern auch die Energieversorgungskabel eingespart werden können. Zudem muss eine moderne Kommunikationslösung sowohl energieautarke Sensoren als auch Aktoren, die nach wie vor eine eigene Energieversorgung haben, gleichermaßen unterstützen.

Die Anforderungen an die Sensor/Aktor-Kommunikation im Bereich der Prozess-(PA) und der Fertigungsautomatisierung (FA) unterscheiden sich zum Teil deutlich [4]. Dies betrifft z.B. die SPS-Zykluszeiten mit typisch 0,1 s–1000 s innerhalb der PA und 1 ms–0,5 s innerhalb der FA. Die abzudeckenden Distanzen von bis zu 1000 m bei

Dmytro Krush, Christoph Cammin, Ralf Heynicke, Gerd Scholl: Helmut-Schmidt-Universität, Universität der Bundeswehr Hamburg, mail: dmytro.krush@hsu-hh.de

DOI: 10.1515/9783110408539-006

der PA und von maximal 10 m bei der FA sowie die Startup-Zeiten im Minuten- bis Stundenbereich bei der PA und im Sekunden- bis Minutenbereich bei der FA müssen ebenfalls berücksichtigt werden. Aufgrund der etwas geringeren Systemanforderungen konnten sich seit einigen Jahren vor allem die auf dem IEEE 802.15.4-Standard basierenden Technologien WirelessHART [2] und ISA100.11a [6] in der PA etablieren. „Closed-Loop"-Applikationen der FA mit kurzen Latenzzeiten bei gleichzeitig geforderter hoher Zuverlässigkeit werden aktuell nur von proprietären Funklösungen bedient. Das nachfolgend beschriebene drahtlose Sensor/Aktor-Netzwerk wurde innerhalb des WSAN-Arbeitskreises TC3 WG 12 der Profibus Nutzerorganisation spezifiziert [7]. Im Juli 2012 wurde die Spezifikation 1.0 veröffentlicht und im Jahr 2014 wurden die Arbeiten in das IO-Link Konsortium überführt.

Das neue drahtlose Kommunikationssystem nutzt kostengünstige und am Markt verfügbare Schmalband-Funk-Transceiver und ist in der Lage, bis zu 100 Sensoren bzw. Aktoren innerhalb von 10 ms anzusprechen mit einer garantierten Zuverlässigkeit von $1-10^{-9}$. Das HF-Protokoll wurde in Anlehnung an den Physical Layer (Layer 1 des ISO/OSI Modells [8]) des Standards IEEE 802.15.1 entwickelt, wobei einige Modifikationen zugunsten höherer Energieeffizienz vorgenommen wurden, so dass auch batterie- oder alternativ gespeiste Sensoren integriert werden können. Für die höheren Schichten des Kommunikationsstacks wurde auf die bewährten Funktionalitäten des IO-Link-Standards zurückgegriffen. D.h. alle Eigenschaften von IO-Link wurden übernommen und der Kommunikationsstack sowie die Benutzeroberfläche wurden lediglich um die für die Hochfrequenz-Kommunikation notwendigen Funktionalitäten und Parameter ergänzt.

2 IO-Link *Wireless* Systemübersicht

In der Fertigungsautomatisierung werden abgesetzte Sensoren bzw. Aktoren klassisch über einen Feldbus von einer SPS angesteuert, wobei häufig die verschiedenen SPS- und Sensor/Aktor -Hersteller ein bestimmtes Feldbussystem bevorzugen, die oft inkompatibel zueinander sind. Daher wurde von der IO-Link Organisation [9] unter Führung der Profibus Nutzer Organisation (PNO) der IO-Link Standard nach IEC 61131-9 als Hersteller- und Feldbus-übergreifende Plattform, die mit unterschiedlichen Geräten und Steuerungen zusammenarbeitet, entwickelt und im Jahr 2006 veröffentlicht. IO-Link ist kein neues Bussystem, sondern ergänzt als neuartige Schnittstelle Feldbus- und Industrial Ethernet-Systeme. Der IO-Link Standard beschreibt einen „IO-Link Master", ein „IO-Link Device", das Kommunikationsprotokoll zwischen Master und Devices, sowie die Tools für die Konfiguration. Ein IO-Link Device kann sowohl ein Sensor als auch ein Aktor sein. Dieses wird an den IO-Link Master über eine Punkt-zu-Punkt-Verbindung angeschlossen. Die Kommunikation erfolgt im Halbduplex-Betrieb. Aus Sicht der SPS wird der IO-Link Master als Datenvermittler interpretiert, ohne dass Typ, Hersteller oder Aufbau der Sensoren und Aktoren von Bedeutung sind.

Mit der Entwicklung von effizienten Funkprotokollen und der Verfügbarkeit leistungsfähiger Hochfrequenz (HF)-Transceiver wird es jetzt auch möglich, abgesetzte Sensoren und Aktoren gemäß des IO-Link Standards drahtlos mit dem Master zu verbinden. Die Systemarchitektur von IO-Link *Wireless* ist in Abbildung 1 dargestellt. Der IO-Link *Wireless*-Master fungiert gleichzeitig als Gateway bzw. als Schnittstelle zwischen einem drahtgebundenen Feldbus oder einer SPS und den drahtlos abgesetzten Sensoren/Aktoren. Über den Layer 2 des IO-Link *Wireless* Protokolls werden zyklische und azyklische IO-Link Daten transparent getunnelt.

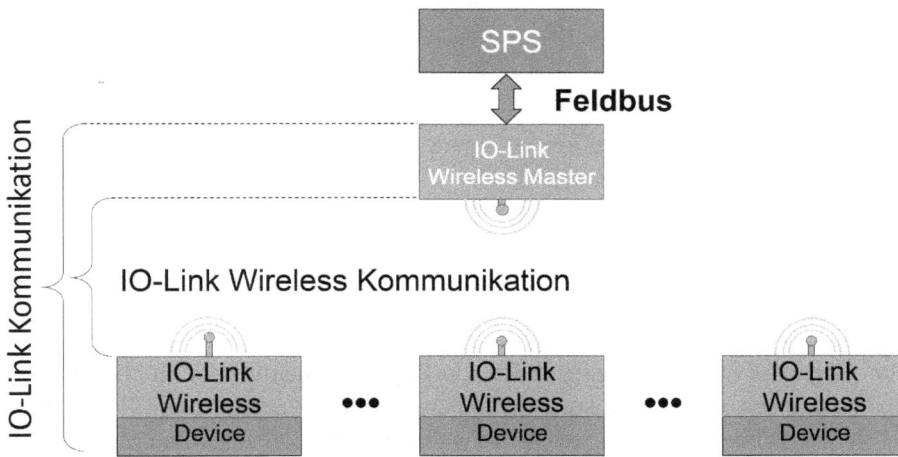

Abb. 1. Drahtlose IO-Link Punkt-zu-Multipunkt-Kommunikation

3 IO-Link *Wireless* Systembeschreibung

Die Hardware-Architektur eines IO-Link *Wireless*-Masters ist in Abbildung 2 dargestellt. Um die Entwicklungsrisiken zu minimieren und die Kundenakzeptanz des neuen drahtlosen Systems zu steigern, wurde IO-Link *Wireless* zunächst auf dem Protokoll und Medienzugriffsverfahren des von ABB bekannten WISA-Systems [10] aufgesetzt. Die aus der Fachliteratur bekannten Parameter sowie selbst durchgeführte Messungen des zeitvarianten frequenzselektiven Funkkanals im industriellen Umfeld [11; 12] zeigen, dass Funkkanäle mit einer Bandbreite von wenigen MHz als „frequency flat"angenommen und somit ein marktüblicher Schmalband-HF-Transceiver ohne aufwändige Kanalentzerrung eingesetzt werden kann. Auf das Funkmedium wird über das von ABB WISA bekannte F/TDMA-Verfahren zugegriffen, wobei die Funkkommunikation prinzipiell in fünf Frequenzspuren, einem Downlink-Kanal und vier Uplink-Kanälen, organisiert ist. Das entwickelte Hopping-Verfahren gewährleistet, dass die Sprungweite größer ist als die typische Kohärenzbandbreite des Funkkanals und dass mögliche Interferenzen parallel betriebener IO-Link *Wireless* Basisstationen minimiert werden. Um die Koexistenz zu statischen Funksystemen im 2,4 GHz ISM-Band, wie z.B. WLAN, zu gewährleisten, wurde zusätzlich ein Blacklisting-Verfahren in den Standard integriert.

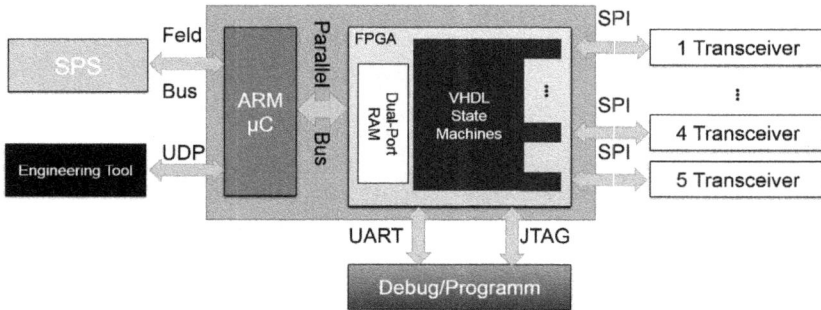

Abb. 2. Hardware-Architektur eines IO-Link *Wireless*-Masters

Um möglichst kurze Latenzzeiten für die Datenverarbeitung im IO-Link *Wireless*-Master zu erreichen, werden konsequent parallele Strukturen in einem FPGA genutzt.

Untersuchungen haben gezeigt, dass durch den Übergang vom ursprünglichen Vollduplex-Verfahren zu einem Halbduplex-Verfahren die Leistungsfähigkeit des Systems weiter gesteigert werden kann, da ein Übersprechen des Sende- auf den Empfangszweig vermieden wird und dadurch die Sende- und Empfangsantennen auch in das Gehäuse des IO-Link *Wireless*-Masters integriert werden können. Dies bedeutet, dass bei der Halbduplex-Variante in allen fünf Frequenzspuren wechselweise die Downlink- und Uplink-Signale übertragen werden. Um eine möglichst hohe spektrale Entkopplung zwischen den einzelnen HF-Kanälen zu erzielen, ist ein Frequenzabstand von mindesten 5 MHz vorgesehen. Die Sendeleistung im IO-Link *Wireless* System kann sowohl für den Master als auch für alle Devices individuell eingestellt werden. Um die ETSI EN 300 440-Norm zu erfüllen, wird die maximal zulässige äquivalente isotrope Strahlungsleistung (EIRP) auf 10 dBm limitiert. Die für eine fehlerfreie HF-Übertragung minimal notwendige Sendeleistung wird vom System im laufenden Betrieb automatisch ermittelt und eingestellt. Die mögliche Reduktion der Sendeleistung führt neben einer Steigerung der Koexistenzfähigkeit auch zu einer höheren möglichen Dichte von IO-Link *Wireless* Geräten sowie zu einer Erhöhung der Abhörsicherheit, da Überreichweiten vermieden werden.

Die Parametrisierung und Ansteuerung der HF-Transceiver wird mittels der im FPGA parallel realisierten Zustandsautomaten durchgeführt. Die Kommunikationsstrecke vom HF-Transceiver im Device über einen der HF-Transceiver und die Signalverarbeitungskette im FPGA des Masters kann als eine Abstraktionsschicht angesehen werden, über die eine direkte Kommunikation zwischen einem konventionellen IO-Link Master und einem konventionellen IO-Link Device durchgeführt wird. Damit können die bewährten Funktionalitäten von IO-Link uneingeschränkt auch von IO-Link *Wireless* Systemen verwendet werden. Der IO-Link Master-Stack der Firma TMG [13], der die Aufgaben der Logical Link Control sowie des Application Layers übernimmt, wurde im ARM μController implementiert, welcher mit dem FPGA über einen parallelen, Interrupt-gesteuerten Bus verbunden ist. Die Firmware eines Devices ist in ähnlicher Weise aufgebaut.

Der IO-Link *Wireless* Standard garantiert, dass in einer für die FA typischen Funkumgebung alle an einem IO-Link *Wireless*-Master angebundenen Devices innerhalb von 10 ms ausgelesen bzw. angesteuert werden können. Die garantierte Wahrscheinlichkeit dafür, dass das Zeitintervall von 10 ms überschritten wird, beträgt 10^{-9}. Damit hat IO-Link *Wireless* eine vergleichbare Zuverlässigkeit wie die drahtgebundene Variante.

Die Kommunikation zwischen dem IO-Link *Wireless*-Master und den Devices ist in der Halbduplex-Version innerhalb der Frequenzkanäle in HF-Frames organisiert, deren Aufbau in der Abbildung 3*a* dargestellt ist. Jeder HF-Frame besteht aus einer Downlink-Sequenz, der eine Uplink-Sequenz folgt, die bis zu zehn Device-Telegramme beinhalten kann. Die gesamte Dauer eines HF-Frames beträgt 3328 µs, so dass auch bei drei Wiederholungen eine maximale Latenzzeit von 10 ms eingehalten werden kann. Die Länge eines Downlink-Telegramms beträgt 832 µs (siehe Abbildung 3*b*). Die in der Abbildung 3*a* mit „OB" gekennzeichneten, 208 µs langen Organisations-Bereiche werden zur RX/TX-Umschaltung und für den Frequenzwechsel genutzt. Ein Uplink-Telegramm von einem Device zum Master, ein sog. Double Slot (DSlot), dauert ebenfalls 208 µs und kann in zwei sog. Single Slots (SSlots) mit 104 µs unterteilt werden. Die Einteilung der Downlink-Sequenz in einen Mini-Downlink- und ein erweitertes Downlink-Telegramm ermöglicht, dass neben permanent mit Energie versorgten Sensoren und Aktoren für „Closed-Loop"-Applikationen mit hohen Anforderungen an die Synchronität auch energieautark betriebene Sensoren in das System integriert werden können.

In der maximalen Ausbaustufe des IO-Link *Wireless*-Master können aktuell bis zu 100 Knoten angesteuert werden. In der kleinsten Ausbaustufe, bei der nur ein HF-Transceiver im Master implementiert ist, können noch 20 Devices betrieben werden, was immer noch den Faktor drei im Vergleich zu Bluetooth-basierten Lösungen bedeutet.

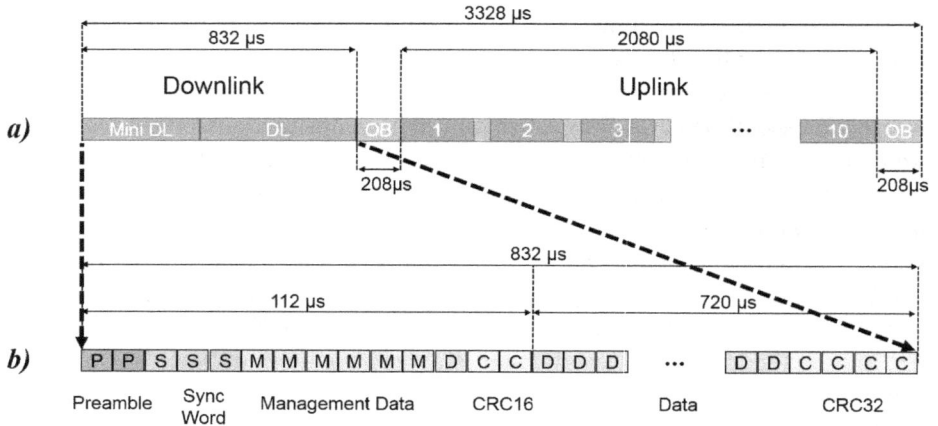

Abb. 3. Aufbau des kompletten HF-Frames (a), Aufbau des Downlinks (b)

4 Engineering Software

Die Engineering-Software zum Aufbau und zur Konfiguration eines IO-Link *Wireless* Systems basiert auf denselben Tools, die auch beim kabelgebundenen IO-Link System eingesetzt werden. Sie sind lediglich um die Funktionalitäten und Parameter erweitert, die für die drahtlose Kommunikation notwendig sind. Damit kann jeder IO-Link Anwender problemlos mit seinen gewohnten Tools auch ein IO-Link *Wireless* System administrieren. Die zusätzlichen Funktionalitäten für die Funkkommunikation umfassen unter anderem die Auswahl der Hopping-Algorithmen, die Verwaltung von Black- bzw. White-Lists, der Cell-IDs sowie die Zuweisung der Sensoren und Aktoren zu den Frequenz- und Zeitschlitzen. Diese Einstellungen müssen generell nur einmal bei der Installation eines IO-Link *Wireless* Systems vorgenommen werden. Natürlich ist auch eine spätere Wartung oder Rekonfiguration des Systems mit Hilfe der Engineering-Tools relativ einfach möglich.

5 Zusammenfassung

Funktechnologien haben sich in den letzten Jahren in der Prozessautomatisierung durchgesetzt und haben in bestimmten Bereichen drahtgebundene Systeme fast vollständig ersetzt. Die Verbreitung von funkbasierten Lösungen für die Sensor/Aktor-Kommunikation in der Fertigungsautomatisierung war durch das Fehlen eines entsprechenden Standards stark eingeschränkt. Mit IO-Link *Wireless* besteht nun auch die Möglichkeit, die Vorteile der drahtlosen Kommunikation auf dem Shop-Floor ohne Schnittstellenprobleme Feldbus-übergreifend zu nutzen. Gleichzeitig werden alle Anforderungen aus der Fertigungsautomatisierung bezüglich der Latenzzeiten und der Zuverlässigkeit erfüllt. Es können bis zu 100 abgesetzte Sensoren/Aktoren innerhalb von 10 ms mit einer Zuverlässigkeit, die mit drahtgebundenen Systemen vergleichbar ist, ausgelesen bzw. angesteuert werden.

Danksagung: Die in diesem Artikel dargestellte Entwicklung wurde in enger Zusammenarbeit mit der FESTO AG, der Balluff GmbH und der TMG Technologie und Engineering GmbH durchgeführt. Die Autoren möchten sich an dieser Stelle bei den Partnern, Herrn B. Kärcher, Herrn J. Ritter, Herrn M. Beyer, Herrn A. Otterstätter, Herrn D. Brauner und Herrn K.-P. Willems für die allzeit sehr gute Zusammenarbeit und Unterstützung bedanken.

Literatur

[1] Siemens, WirelessHART Wireless Goes Process, *Process News*, p. 1, 2011,http://www. automation.siemens.com/wcmsnewscenter/details.aspx?xml=/content/10001666/en/as/ Pages/PN2011-04-08-WirelessHART.xml&xsl=publication-en-www4.xsl.

[2] A. N. Kim, F. Hekland, S. Petersen and P. Doyle, When HART Goes Wireless: Understanding and Implementing the WirelessHART Standard,*IEEE International Conference on Emerging Technologies and Factory Automation 2008*, pp. 899 – 907, 2008.

[3] I/O and Networks, Trusted Wireless 2.0, Wireless Technologies in Industrial Automation, pp. 1 – 12, 2015, https://www.phoenixcontact.com/assets/downloads_ed/local_us/web_dwl_ technical_info/What_Wireless_white_paper_final.pdf.

[4] VDI/VDE2185, 2009, https://www.vdi.de/uploads/tx_vdirili/pdf/1545274.pdf Online; abgerufen am 1. August 2014.

[5] R. Heynicke, D. Krüger, and G. Scholl, Wireless Automation, *SENSOR+TEST Conference*, 2011.

[6] T. Hasegawa, H. Hayashi, T. Kitai and H. Sasajima, Industrial Wireless Standardization – Scope and Implementation of ISA SP100 Standard, *IEEE, SICE Annual Conference (SICE)*, pp. 2059 – 2064, 2011.

[7] H. Gerlach-Erhardt, Real Time Requirements in Industrial Automation, 2009, http://docbox. etsi.org/Workshop/2009/200910_WIFA/GERLACH_PNOTC2.pdf Online; abgerufen am 6. März 2015.

[8] H. Zimmermann, OSI Reference Model – the OSI Model of Architecture for Open System Interconnection, *IEEE Transaction on Communication*, 1980.

[9] IO-Link, 2015, http://www.io-link.org.

[10] D. Dzung, J. Endresen, C. Apneseth and J.-E. Frey, Design and Implementation of a Real-Time Wireless Sensor/Actuator Communication System, *IEEE International Conference on Emerging Technologies and Factory Automation*, pp. 422 – 433, 2005.

[11] H.-J. Körber, H. Wattar, and G. Scholl, "Modular Wireless Real-Time Sensor/Actuator Network for Factory Automation Applications, *IEEE Transactions on Industrial Informatics*, pp. 111 – 119, 2007.

[12] H. Wattar, *Robuste echtzeitfähige Funkkommunikation in der Fertigungsautomatisierung*. 80538 München, Deutschland: Dr. Hut Verlag, 2010.

[13] TMG, 2015, http://io-link.tmgte.de/.

Jan Lotichius, Stefan Wagner, Mario Kupnik und Roland
Werthschützky

Modellierung der Messunsicherheit von spannungs- und zeitbasierten Auswerteprinzipien für Wheatstonebrücken

Zusammenfassung: Die Modellbildung in Form von Prozessgleichung und Einfluss-parametern ist ein wichtiges Instrument der Messunsicherheitsermittlung. Diese Arbeit zeigt die analytischen Prozessgleichungen zweier Prinzipien zur Auswertung resisitver Messbrücken: des klassischen spannungsbasierten Prinzips und eines zeit-basierten Prinzips. Die Gleichungen werden auf zwei Implementierungen, Texas Instruments ADS1220 für das spannungsbasierte Prinzip und Acam PS09 für das zeit-basierte Prinzip, angewendet. Die Ergebnisse zeigen Messunsicherheiten im Bereich von 1×10^{-3}.

Schlagwörter: Messunsicherheit, Widerstandsmessung, resisistive Sensorik, Wheatstone

Resistive Sensoren werden seit über 50 Jahren als wichtigstes Sensorprinzip für Temperatur, Druck und Kraft eingesetzt. Der Messeffekt beruht stets auf einer Widerstandsänderung ΔR relativ zu einem Grundwiderstand R_0. Zur Auswertung der Sensoren wird im einfachsten Fall das Ohm'sche Gesetz genutzt: Der Messwiderstand wird mit einer Konstantstromquelle gespeist und die Spannung über dem Widerstand gemessen. Jedoch wird der Grundwiderstand stets mitgemessen, was im üblichen Bereich $r = \Delta R/R_0 \approx 1 \times 10^{-5} \dots 1 \times 10^{-2}$ eine sechs- oder siebenstellige Auflösung der Spannungsmessung erfordert. Abhilfe schafft die Wheatstonebrücke, bei der durch Differenzbildung zweier Spannungsteiler R_0 die gemessene Spannung nicht mehr beeinflusst.

Zur Auswertung der Wheatstonebrücke werden klassisch Instrumentationsverstärker mit nachgeschaltetem Analog-Digital-Wandler (ADC) eingesetzt, die sogenannte spannungsbasierte Auswertung, siehe Abbildung 1(a). Ein weiteres Prinzip basiert auf der Messung der Zeitkonstanten des Messwiderstandes mit einem parallel geschalteten Kondensator [2], wobei die Zeit mit einem Zeit-Digital-Wandler (TDC) gemessen wird, siehe Abbildung 1(b). Um die Messunsicherheit beider Verfahren mit einer Messunsicherheitsbetrachtung des Typs B nach dem *Guide to the expression of uncertainty in measurements* [1] vergleichen zu können und die Fortpflanzung von Fehlern des Sensors untersuchen zu können, sind Prozessgleichungen erforderlich. Diese werden im Folgenden basierend auf [5] betrachtet.

Jan Lotichius, Stefan Wagner, Mario Kupnik, Roland Werthschützky: Institut für elektromechanische Konstruktionen, TU Darmstadt, mail: j.Lotichius@emk.tu-darmstadt.de

DOI: 10.1515/9783110408539-007

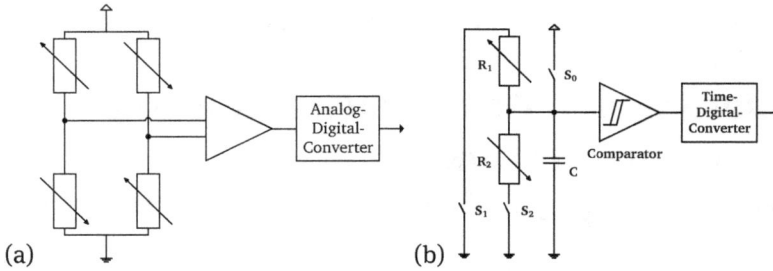

Abb. 1. Vergleich der Blockschaltbilder des spannungsbasierten Prinzips (a) mit dem zeitbasierten Prinzip (b). Beim spannungsbasierten Prinzip wird die Differenzspannung der Wheatstonebrücke mit einem Instrumentationsverstärker impedanzgewandelt und verstärkt, dann vom nachfolgenden ADC gewandelt. Das zeitbasierte Prinzip basiert auf der wechselnden Entladung von C über R_1 und R_2. Beide Zeiten werden vom TDC gemessen und miteinander verrechnet um auf die Widerstandsänderung zu schließen.

1 Spannungsbasierte Auswertung

Der häufigste Anwendungsfall ist die in Abbildung 1 dargestellte spannungsgespeiste Vollbrücke mit gegensinnigen Widerstandsänderungen in jedem Spannungsteiler. Dabei ergibt sich folgende Prozessgleichung für einen als ideal angenommenen Sensor:

$$U_{\text{diff}} = rU_0 \quad \text{für} \quad R_i = R_0(1 + r); \quad i \in 1, 2, 3, 4. \tag{1}$$

Ein Fehler gegenüber dem Idealzustand ergibt sich zunächst durch die Belastung der Messbrücke mit den Eingangströmen I_{b1} und I_{b2} des Verstärkers. Sind die Ströme asymmetrisch, ergibt sich die Fehlspannung U_{load} additiv zu U_{diff}:

$$U_{\text{load}} = \frac{R_0}{2}(I_{\text{b1}} - I_{\text{b2}}) - \frac{R_0}{2}(I_{\text{b1}} - I_{\text{b2}}) \cdot r^2. \tag{2}$$

Als Verstärkertyp hat sich der Instrumentationsverstärker (InAmp) etabliert, da er ein differentielles Signal bei hohem Eingangswiderstand und hoher Gleichtaktunterdrückung verstärkt und damit U_{load} minimiert. Die ideale Prozessgleichung eines In-Amp ergibt sich bei entsprechender Widerstandswahl zu [4, S. 357]

$$U_{\text{InAmp,ideal}} = (1 + \frac{2 \cdot R_{\text{InAmp}}}{R_{\text{gain}}})U_{\text{diff}}. \tag{3}$$

Diese ideale Gleichung wird um die folgenden Fehlereinflüsse erweitert:

- Verstärkungsfehler $k_{\text{Gain,InAmp}}$, dimensionslos, und dessen Temperaturkoeffizient (TK) $\alpha_{\text{Gain,InAmp}}$, angegeben in K^{-1}
- Linearitätsfehler $k_{\text{Lin,InAmp}}$, dimensionslos
- Offsetspannung $U_{\text{Offset,InAmp}}$, angegeben in V, und deren TK $\alpha_{\text{Offset,InAmp}}$, angegeben in V/K

- Eingangsbezogenes Rauschen $U_{\text{Noise,InAmp}}$, angegeben als Effektivwert in V
- Gleichtaktspannung $U_{\text{CM,InAmp}}$ in V

Der Verstärkungsfehler $k_{\text{gain,InAmp}}$ und der Linearitätsfehler $k_{\text{lin,InAmp}}$ werden multiplikativ zur idealen Gleichung des InAmp hinzugefügt, da sie die Steigung der Kennlinie ändern. Die Offsetspannung $U_{\text{Offset,InAmp}}$, Rauschen $U_{\text{Noise,InAmp}}$ und die Gleichtaktspannung $U_{\text{CM,InAmp}}$ wirken sich additiv auf die Eingangsspannung U_{diff} aus und werden wie diese verstärkt. Dadurch ergibt sich mit dem Temperaturunterschied zur Referenztemperatur $\Delta\vartheta$ die Prozessgleichung zu:

$$U_{\text{out,InAmp}} = (1 + \frac{2R}{R_{\text{gain}}}) \cdot (1 + k_{\text{gain,InAmp}} + k_{\text{lin,InAmp}} + \alpha_{\text{gain,InAmp}} \cdot \Delta\vartheta)$$

$$(U_{\text{diff}} + U_{\text{Offset,InAmp}} + \alpha_{\text{Offset,InAmp}}\Delta\vartheta + U_{\text{noise}} + U_{\text{CM,InAmp}} + U_{\text{load}}).$$

(4)

Das Signal des InAmps wird von einem ADC digitalisiert. Die ideale Prozessgleichung für den ADC setzt sich aus der zu wandelnden Eingangsspannung $U_{\text{out,InAmp}}$ und der Auflösung, bestehend aus der Referenzspannung $U_{\text{ref,ADC}}$ und der Bitzahl N, zusammen. Die Gleichung dafür lautet:

$$X_{\text{ADC,ideal}} = \left\lfloor (2^N - 1)\frac{U_{\text{out,InAmp}}}{U_{\text{ref}}} \right\rfloor.$$

(5)

Die Einflussparameter des ADC sind:

- Quantisierungsfehler $X_{\text{Q,ADC}}$ in bit
- Offsetfehler $U_{\text{offset,ADC}}$ in V und dessen TK $\alpha_{\text{offset,ADC}}$ in V/K
- Verstärkungsfehler $k_{\text{gain,ADC}}$, dimensionslos, und dessen TK $\alpha_{\text{gain,ADC}}$ in K^{-1}
- Integrale Nichtlinearität INL X_{INL} in bit
- Referenzspannung $U_{\text{ref,ADC}}$ in V und deren TK $\alpha_{\text{ref,ADC}}$
- Eingangsbezogenes Rauschen $U_{\text{noise,ADC}}$ in V

Aus den aufgeführten Fehlergrößen lässt sich die Prozessgleichung aufstellen. $k_{\text{gain,ADC}}$ wird multiplikativ berücksichtigt, $U_{\text{offset,ADC}}$ und $U_{\text{noise,ADC}}$ sowie X_Q und X_{INL} werden additiv zum Ergebnis hinzugefügt. Daraus ergibt sich folgende Prozessgleichung für den ADC:

$$X_{\text{ADC}} = \lfloor (2^N - 1)(1 + k_{\text{gain,ADC}} + \alpha_{\text{gain,ADC}}\Delta\vartheta)$$

(6)

$$\frac{U_{\text{out,InAmp}} + U_{\text{noise,ADC}} + U_{\text{offset,ADC}} + \alpha_{\text{offset,ADC}}\Delta\vartheta}{U_{\text{ref,ADC}}(1 + \alpha_{\text{ref,ADC}}\Delta\vartheta)} + X_{\text{Q,ADC}} + X_{\text{INL}} \rceil$$

2 Zeitbasierte Auswertung

Das Prinzip der zeitbasierten Auswertung basiert auf der Entladezeit eines Kondensators C über zwei Messwiderstände R_1 und R_2. Zunächst wird der Schalter S_0 in Abbil-

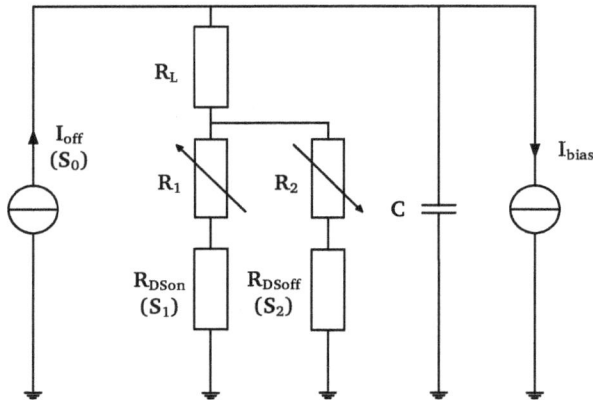

Abb. 2. RC-Glied inkl. der Einflussparameter auf die Entladezeit. Im gezeigten Zeitpunkt entlädt sich C über R_1. Die Ersatzschaltbilder der anderen Zustände ergeben sich entsprechend.

dung 1(b) geschlossen, S_1 und S_2 sind geöffnet und der Kondensator wird auf die Versorgungsspannung U_0 aufgeladen. Anschließend wird S_0 geöffnet und S_1 geschlossen und die Entladezeit t_1 des RC-Gliedes gemessen. Diese wird durch das Schalten von S_1 und S_2 gestartet und Umschalten eines Komparator bei einer Schwellspannung U_{th} gestoppt. Durch Schalten des Komparatorausgangs wird auch S_1 wieder geöffnet, S_0 geschlossen und C wieder aufgeladen. Dies wird mit S_2 wiederholt und die Entladezeit über R_2 bestimmt. Die beiden Messwiderstände müssen gegensinnige Widerstandsänderungen aufweisen. Um aus t_1 und t_2 die relative Widerstandsänderung $r = \Delta R/R_0$, und daraus wiederum die Messgröße, bestimmen zu können, wird deren Verhältnis aus Differenz und Summe gebildet:

$$\frac{t_1 - t_2}{t_1 + t_2} = \frac{R_1 - R_2}{R_1 + R_2} = \frac{R_0 + \Delta R - R_0 + \Delta R}{R_0 + \Delta R + R_0 - \Delta R} = \frac{\Delta R}{R_0} = r \tag{7}$$

Es ergibt sich also das gleiche Ergebnis wie bei einer klassischen Vollbrücke, jedoch müssen nur zwei Messwiderstände verwendet werden.

Die beiden Zeiten t_1 und t_2 ergeben sich aus der Entladung des RC-Gliedes bis zu U_{th}. Für jede der beiden Zeiten gilt die ideale Prozessgleichung

$$t = R_0 \cdot (1 + r)C \ln\left(\frac{U_0}{U_{th}}\right). \tag{8}$$

Einflussparameter auf diese Idealgleichung sind, vgl. Abbildung 2:

– Ein-Widerstand des Schalttransistors $R_{DS,On}$ in Ω und dessen TK $\alpha_{R,DS}$ in K^{-1}
– Aus-Widerstand des Schalttransistors $R_{DS,Off}$ in Ω ebenfalls mit dem TK $\alpha_{R,DS}$ in K^{-1}
– Leitungswiderstand R_L in Ω und dessen TK $\alpha_{R,L}$ in K^{-1}

- Versorgungsspannung U_0 in V
- Schwellwertspannung U_{th} in V
- Leckstrom I_{Off} durch nichtideale Trennung von der Spannungsversorgung, angegeben in A
- Eingangsstrom des Komparators I_{bias} in A
- Durchlaufzeit t_{delay} des Komparators in s und deren TK α_{delay} in K^{-1}

Es finden also unterschiedliche Auf- und Entladevorgänge des Kondensators gleichzeitig statt. Diese werden durch die Differentialgleichung

$$U_C(t) + \dot{U}_C(t)\left(\frac{1}{CR'}\right) = \frac{I_{off} - I_{bias} + \frac{U_{noise,R}}{R'}}{C} \tag{9}$$

mit der Anfangsbedingung $U_C(t = 0) = U_0$ und

$$R' = R_L(1 + \alpha_{R,L}\Delta\vartheta) + \tag{10}$$
$$((R_0(1 + r) + R_{DS,On}(1 + \alpha_{R,DS}\Delta\vartheta))||(R_0(1 - r) + R_{DS,Off}(1 + \alpha_{R,DS}\Delta\vartheta))$$

beschrieben. Die Lösung von Gleichung 9, umgestellt nach t und $U_C(t) = U_{th}$ gesetzt, stellt die Prozessgleichung für den Eingang des Komparators dar. Dieser weist zusätzlich die Verzögerung t_{delay} auf, so dass sich am Ausgang folgende Prozessgleichung für das fehlerbehaftete und durch den Komparator beeinflusste RC-Glied ergibt:

$$t_{Out,Komp} = R' \cdot C \cdot \ln\left(\frac{U_0 - U_{noise,R} - (I_{off} - I_{bias})R'}{U_{th} - U_{noise,R} - (I_{off} - I_{bias})R'}\right) + t_{delay}(1 + \alpha_{delay}\Delta\vartheta). \tag{11}$$

Der TDC verhält sich grundlegend ähnlich zum ADC. Ideal wird er durch eine Gerade mit Steigung eins beschrieben, die jeder Pulsdauer genau einen Ausgangswert zuordnet. Die ideale Prozessgleichung des TDC lautet

$$X_{TDC} = \frac{t_{Out,Komp}}{t_{LSB,TDC}}. \tag{12}$$

Anstatt eines zum ADC äquivalenten Referenzzeitintervalls bildet hier die kleinste diskrete Zeiteinheit $t_{LSB,TDC}$ die Vergleichsgröße. t_{ref} kann zwar berechnet werden, die praktische Bedeutung ist aber lediglich die maximal wandelbare Pulsdauer. Nachfolgend sind die Fehlergrößen des TDC aufgelistet [3], die größtenteils ähnlich zum ADC sind.

- Quantisierungsfehler $X_{Q,TDC}$ in bit
- Offsetfehler $X_{Offset,TDC}$ in bit und dessen TK $\alpha_{offset,TDC}$ in K^{-1}
- Verstärkungsfehler $k_{gain,TDC}$, dimensionslos und dessen TK $\alpha_{gain,TDC}$ in K^{-1}
- Integrale Nichtlinearität INL $X_{INL,TDC}$ in bit
- kleinste diskrete Zeiteinheit $t_{LSB,TDC}$ in s
- Rauschen $X_{noise,TDC}$ in bit

Für die Prozessgleichung wird der Verstärkungsfehler $k_{\text{gain,TDC}}$ multiplikativ eingearbeitet. Die restlichen Größen gehen additiv in die Gleichung ein. Daraus ergibt sich für den TDC folgende Prozessgleichung

$$X_{\text{TDC}} = \frac{t_{\text{Out,Komp}}}{t_{\text{LSB}}}(1 + k_{\text{gain,TDC}} + \alpha_{\text{gain,TDC}}\Delta\vartheta) + X_{\text{Q,TDC}} + X_{\text{INL,TDC}} + \\ X_{\text{Offset,TDC}}(1 + \alpha_{\text{gain,TDC}}\Delta\vartheta) + X_{\text{noise,TDC}} \tag{13}$$

3 Vergleich beider Prinzipien

Die genannten Gleichungen sollen zur u.a. zur Ermittlung der Messunsicherheit von Sensorelektronik dienen. Daher wurden zwei preislich ähnliche Ein-Chip-Lösungen (IC) beider Prinzipien ausgewählt und die Messunsicherheiten anhand der Datenblattwerte berechnet. Die verglichenen IC sind ADS1220 (Texas Instruments, Dallas, Texas, USA) für das spannungsbasierte Prinzip und PS09 (Acam, Stutensee, Deutschland) für das zeitbasierte Verfahren. Tabelle 1 zeigt die ermittelten Einflussparameter, Abbildung 3 die erzielten Ergebnisse, aufgetragen über der Widerstandsänderung r. Dabei ist zu berücksichtigen, dass der PS09 bereits eine interne Kompensation von $R_{\text{DS,On}}$ und t_{delay} durch Korrekturmessungen implementiert. Diese wurden als Korrekturterme berücksichtigt. Die exakte Vorgehensweise ist in [2; 5] beschrieben.

Die Ergebnisse zeigen, dass das Modell für beide Implementierungen Messunsicherheiten in der Größenordnung von 1×10^{-3} liefert. Beim ADS1220 ist bei kleinen Widerstandsänderungen eine systematische Abweichung zu beobachten, die im Wesentlichen durch die Offsetspannung des InAmp verursacht wird. Der PS09 zeigt nur sehr kleine systematische Abweichungen, weist jedoch mehr Schwankungen des Ergebnisses auf. Dies deckt sich mit der Aussage des Herstellers, dass genaue Messungen nur Mittelwertbildung zu erreichen sind.

4 Fazit und künftige Arbeiten

Eine Messunsicherheitsbetrachtung nach Typ B, d.h. basierend auf Herstellerangaben, erfordert einen detaillierten Blick in die Zusammenhänge der verschiedenen Einflussparameter auf eine Messung. In dieser Arbeit wurden Prozessgleichungen für das spannungsbasierte und das zeitbasierte Prinzip zur Auswertung resistiver Messbrücken aufgestellt sowie auf zwei am Markt verfügbare Implementierungen angewendet. Die Ergebnisse zeigen Zahlenwerte einer Größenordnung, die auch von den Herstellern genannt wird.

Als prinzipbedingter Unterschied ist zu nennen, das das zeitbasierte Verfahren mit nur zwei Widerständen die gleiche Empfindlichkeit erreicht wie eine klassische

Tab. 1. Ermittelte Einflussparameter für die Messunsicherheitsberechnung. Da bei beiden IC nicht alle Werte im Datenblatt verfügbar waren, wurden diese selbst gemessen, simuliert, oder Datenblättern technologisch sehr ähnlicher IC entnommen.

Parameter	Erwartungswert	Abweichung	Statistische Verteilung	Quelle
$k_{gain,InAmp}$	0	35 ppm	Normal	PGA112 S.12 Abb.16
$k_{Lin,InAmp}$	4,4 ppm	1,2 ppm	Rechteck	PGA112 S.12 Abb.13
$\alpha_{Gain,InAmp}$	2 ppm/K	0,02 ppm/K	Rechteck	ADS 1220 S.9 Abb.4
$U_{Offset,InAmp}$	0 V	1,47 µV	Normal	PGA112 S.11 Abb.6
$\alpha_{Offset,InAmp}$	0,08 µV K^{-1}	0,0008 µV K^{-1}	Rechteck	ADS1220 S.3
$U_{Noise,InAmp}$	0 µV	820 nV	Normal	ADS1220 S.15 (2000 Sa/s)
$U_{CM,InAmp}$	9,3 µV	0,1 µV	Rechteck	ADS1220 S.3, CMRR = 105 dB
$I_{b1} - I_{b2}$	2 nA	0,02 nA	Rechteck	ADS1220 S.11 Abb.18
N	24 Bit	-	-	ADS1220
$k_{gain,ADC}$	0 ppm	60 ppm	Rechteck	geschätzt
$\alpha_{gain,ADC}$	1 ppm/K	0,01 ppm/K	Rechteck	ADS1220 S.3
$U_{noise,ADC}$	0 µV	-	Normal	keine Angabe
$U_{offset,ADC}$	0 µV	1 µV	Rechteck	ADS1220 S.3
$\alpha_{offset,ADC}$	0,08 µV/K	0,0008 µV/K	Rechteck	ADS1220 S.3
$U_{ref,ADC}$	2,0477 V	3,14 µV	Normal	ADS1220 S.10 Abb.10
$\alpha_{ref,ADC}$	5 ppm/K	0,05 ppm/K	Rechteck	ADS1220 S.3
$X_{Q,ADC}$	0 bit	0,5 bit	Rechteck	Quantisierungsrauschen
X_{INL}	0 bit	184,5 bit	Rechteck	ADS1220 S.10 Abb. 8
I_{Off}	18 nA	0,18 nA	Rechteck	W/L=1000 in 18 µm
$R_{DS,Off}$	100 MΩ	10 MΩ	Rechteck	$R_{DSoff} = U_0/(2 I_{off})$
$R_{DS,On}$	4 Ω	1 Ω	Rechteck	geschätzt
$\alpha_{R,DS}$	7000 ppm/K	800 ppm/K	Rechteck	W/L=1000 in 18 µm geschätzt
U_{th}	1,49248 V	0,02 mV	Normal	selbst gemessen
$t_{LSB,TDC}$	15 ps	0,15 fs	Rechteck	Acam Marketingpräsentation
$k_{gain,TDC}$	0	60 ppm	Rechteck	von ADS1220 übernommen
$\alpha_{gain,TDC}$	0,008 ppm/K	0,15 ppm/K	Normal	Application Note 18 zum PS09
$X_{Q,TDC}$	0 bit	0,5 bit	Rechteck	Quantisierungsrauschen
$X_{INL,TDC}$	0 bit	0,1 bit	Rechteck	TDC-GP22 Datenblatt
$X_{noise,TDC}$	-	-	-	Keine Angabe verfügbar
C	100 nF	-	-	
I_{bias}	1,4 µA	14 nA	Rechteck	eigene Spice Simulation
U_0	3,314 V	0,1 mV	Rechteck	eigene Messung
$U_{offset,comp}$	16,732 mV	0,16 mV	Rechteck	eigene Spice Simulation
t_{delay}	6,7125 µs	0,0875 µs	Normal	eigene Messung

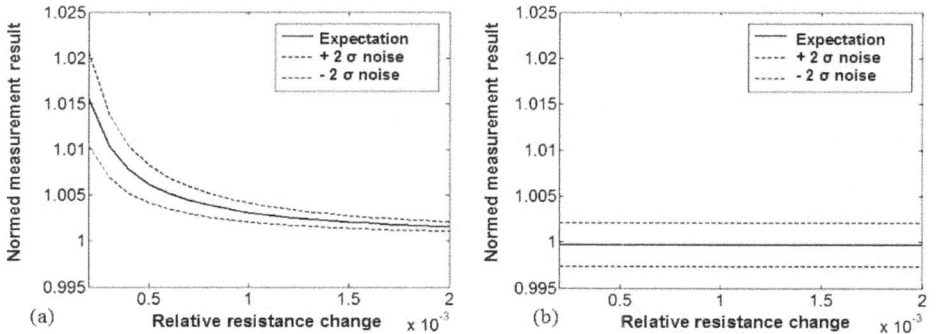

Abb. 3. Ergebnisse der Messunsicherheitsberechnung, aufgetragen sind Erwartungswert und Messunsicherheit mit $k = 2$ über der relativen Widerstandsänderung. Die maximale aufgetragene Widerstandsänderung ist etwa der von Dehnungsmessstreifen vergleichbar. (a) zeigt den ADS1220, (b) den PS09.

Vollbrücke. Weitere Untersuchungen zur Fehlerfortpflanzung müssen zeigen, ob die Vorteile der Wheatstonebrücke bzgl. bspw. Temperaturkompensation auch vorhanden sind. Ebenso muss die ermittelte Messunsicherheit Typ B mit Messungen und der daraus ermittelten Unsicherheit Typ A verglichen werden um das Modell zu validieren.

Literatur

[1]   DIN V ENV 13005: Leitfaden zur Angabe der Unsicherheit beim Messen, 1999.

[2]   A. Braun. Widerstandsmessung, September 10 2003. EP Patent 1,251,357.

[3]   Stephan Henzler. *Time-to-Digital Converters*. Springer, 2010.

[4]   Paul Horowitz and Winfield Hill. *The Art of Electronics*. Cambridge University Press, 3 edition, 2010.

[5]   Stefan Wagner. Analytischer und Messtechnischer Vergleich von Zeit- und spannungsbasierten Auswerteverfahren für resistive Sensoren, Masterarbeit, TU Darmstadt, 2015.

Marvin Schmidt, Andreas Schütze und Stefan Seelecke

Wissenschaftliche Testplattform zur Optimierung formgedächtnisbasierter elastokalorischer Kühlprozesse

Zusammenfassung: Die im Rahmen dieser Arbeit durchgeführten Untersuchungen beinhalten die Charakterisierung von Formgedächtnislegierungen hinsichtlich ihrer elastokalorischen Eigenschaften sowie die Analyse des Einflusses von Prozessführung und thermischen Randbedingungen auf die Kühlleistung. Die Materialcharakterisierung umfasst Zugversuche bei verschiedenen Dehnraten, wobei simultane Messungen von Spannung und Dehnung sowie des Temperaturfeldes durchgeführt werden. Basierend auf diesen Messungen lassen sich Aussagen über die Raten-Abhängigkeit und Homogenität des elastokalorischen Effektes sowie die Effizienz des Kühlprozesses insgesamt treffen. Zusätzlich kann die Langzeitstabilität der Materialien in Abhängigkeit von den Prozessparametern und dem Materialtraining, d. h. dem Einfahrprozess, untersucht werden. Basierend auf diesen Untersuchungen erfolgt eine Variation der Prozessparameter unter veränderlichen thermischen Randbedingungen. Die Parameterstudie zeigt, dass eine von Wärmesenken- und Wärmequellentemperatur abhängige Anpassung der Stellgrößen zu einer Steigerung der Kühlleistung führt.

Schlagwörter: Formgedächtnislegierungen, Kühlprozess, Elastokalorischer Effekt

1 Einleitung

Festkörperbasierte Kühlsysteme auf der Basis von kalorischen Effekten in ferroischen Materialien können eine umweltfreundliche Alternative zu konventionellen Kompressionskältemaschinen darstellen. Ferroische Materialien zeigen magnetokalorische, elektrokalorische, barokalorische und elastokalorische Effekte sowie eine Kombination der genannten Effekte, die als multikalorisches Materialverhalten bezeichnet wird [1]. Elastokalorische Ni-Ti-basierte Formgedächtnislegierungen (Shape Memory Alloys, SMA) zeichnen sich durch besonders große latente Wärmen von ca. 22 J/g [2] aus, welche in Verbindung mit geringer aufgewandter mechanischer Arbeit zu einem effizienten elastokalorischen Kühlprozess führen können. Abbildung 1(a) zeigt das Schema eines Ni-Ti-basierten Kühlprozesses. Analog zum konventionellen kältekompressionsbasierten Kühlprozess erfolgt eine Untergliederung des elastokalorischen Prozesses in vier Phasen. Im Gegensatz zum konventionellen Prozess, der eine isotherme Phasentransformation beinhaltet und auf dem Carnot-Prozess basiert, folgt der in Abb. 1(a) dargestellte SMA-basierte Prozess dem Vorbild eines Joule-Kreisprozesses

Marvin Schmidt, Andreas Schütze, Stefan Seelecke: Universität des Saarlandes, Lehrstuhl für Messtechnik und Lehrstuhl für Intelligente Materialsysteme, mail: m.schmidt@lmt.uni-saarland.de

DOI: 10.1515/9783110408539-008

und zeigt eine adiabate Phasentransformation. In der ersten Prozessphase führt die mechanisch induzierte, exotherme, adiabate Phasentransformation von Austenit zu Martensit zu einer Temperaturerhöhung des SMA-Materials, z.B. in Form eines Blechstreifens. Ein anschließender Wärmeaustausch zwischen SMA-Streifen und Wärmesenke bei hohem Temperaturniveau und konstanter Dehnung führt zu einem Temperaturausgleich zwischen SMA und Wärmesenke. Die endotherme, adiabate Rücktransformation von Martensit zu Austenit kühlt die Legierung deutlich ab, wodurch Temperaturen unterhalb der Umgebungstemperatur erreicht werden. In der darauf folgenden Prozessphase wird unter konstanter Dehnung und bei niedrigem Temperaturniveau Wärme von der Wärmesenke absorbiert.

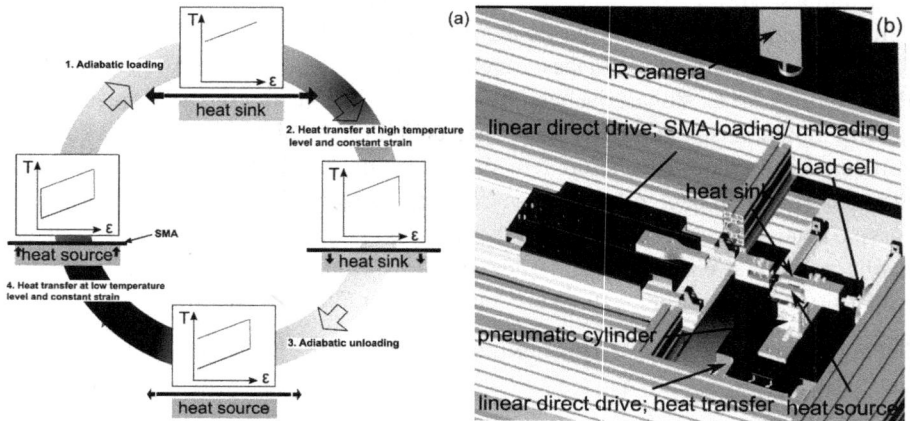

Abb. 1. Schematische Darstellung der vier Phasen eines elastokalorischen Kühlprozesses (a) und 3-D Skizze der wissenschaftlichen Testplattform zur Untersuchung von elastokalorischen Materialien und Kühlprozessen (b)

Der dargestellte elastokalorische Kreisprozess beschreibt lediglich eine der möglichen Prozessvarianten, die mit einem neu entwickelten Prüfstand (siehe Abb. 1(b)) zur Untersuchung des elastokalorischen Kühlprozesses durchlaufen und damit im Detail untersucht werden können [3]. Der entwickelte Prüfstand verfügt über umfangreiche Sensorik und Messtechnik, welche die Erfassung der mechanischen sowie thermischen Prozessgrößen ermöglichen. Zudem erlaubt der modulare Aufbau der Anlage sowohl die Charakterisierung elastokalorischer Materialien als auch deren Untersuchung in einem Kühlprozess, wobei die Prozessparameter Materialdehnung, Dehnrate, Kontaktzeit (Dauer des Wärmetransfers) und Kontaktphase (Wärmetransfer während oder im Anschluss an die Phasentransformation) unabhängig variiert werden können. Neben Kraftmessdosen sowie Wegmesssystemen an beiden Aktoren für Dehnung und Kontakt zwischen SMA und Wärmesenken dient eine hochauflösende Thermokamera (1280x1024 Pixel, Sichtfeld 123·98mm^2) zur ortsaufgelösten Messung der

Temperaturen von SMA und Wärmesenken. Zur Verbesserung der Temperaturmessung wurde die Probe mit Kameralack (Emissionsgrad = 0,96) beschichtet. Mit dieser Kamera konnten z.B. Phasentransformationen beobachtet werden, die als einzelne oder mehrfache Bänder durch das Material laufen [3]. Die Beobachtung derartiger Prozesse erlaubt auch die Verifizierung von gekoppelten Materialmodellen, die in einem parallelen Projekt des DFG Schwerpunktprogrammes 1599 „Caloric effects in ferroic materials: New concepts for cooling" [4] untersucht werden [5].

2 Materialcharakterisierung

Die Materialcharakterisierung beinhaltet die Untersuchung des dehnraten-abhängigen mechanischen und thermischen Materialverhaltens. Zu Beginn der Charakterisierung wird die Probe einer mechanischen Trainingsprozedur unterzogen, die zu einer Stabilisierung des mechanischen, kalorischen und thermischen Materialverhaltens führt [6; 7; 8]. In der untersuchten binären Ni-Ti-Legierung betragen die Stoffmengenanteile von Nickel 51,1 % und von Titan 48,9 %. Die Einspannlänge des Ni-Ti-Streifens beträgt 90 mm. Die Probe mit einem mittleren Querschnitt von 1,45 mm wurde bei einer Dehnrate von $1 \cdot 10^{-3}$ s^{-1} für 50 Zyklen trainiert, wobei die maximale Dehnung auf 6,7 % limitiert wurde. Aus der mechanischen Stabilisierung der Probe resultiert eine remanente Dehnung von 1,6 %. Diese zeigt eine starke Abhängigkeit von der angewandten Trainingsprozedur. Training bei hohen Temperaturen führt zu einer größeren remanenten Dehnung als mechanische Trainingszyklen bei niedrigeren Temperaturen [6]. Dehnraten von $1 \cdot 10^{-3}$ s^{-1} führen bei dieser Legierung und dem gewählten Probenquerschnitt zu lokalen Temperaturerhöhungen von bis zu $\Delta T = 19,2$ K und einem Anstieg der mittleren Temperatur der Probe von $\Delta T = 12,2$ K, was einen vergleichbaren Einfluss auf die Materialstabilisierung hat wie Training bei hohen Temperaturen. Diese Temperaturänderungen verringern sich mit zunehmender Anzahl von Trainingszyklen. Die beschriebene thermische Stabilisierung konnte auch bei anderen Legierungszusammensetzungen nachgewiesen werden und wurde in [8] ausführlich dokumentiert.

Nach der Stabilisierung des Materials erfolgt die Charakterisierung der elastokalorischen Eigenschaften anhand von Zugversuchen bei verschiedenen Dehnraten (siehe Abb. 2(a)). Die Dehnung resultiert aus der Differenz zwischen maximaler Dehnung während des Trainings und der remanenten Dehnung. Anhand dieser Versuche kann eine Dehnrate identifiziert werden, bei der die exotherme Phasentransformation von Austenit zu Martensit näherungsweise adiabat erfolgt. Der Vergleich der dehnratenabhängigen Temperaturänderung in Abb. 2(b) zeigt, dass sowohl die maximale als auch die ratenabhängigen Anstieg aufweisen. Dies führt zu dem Schluss, dass der adiabate Grenzfall erreicht ist. Ein Vergleich der Spannungs-Dehnungs-Diagramme bei Dehnraten von $5 \cdot 10^{-2}$ s^{-1} und $1 \cdot 10^{-1}$ s^{-1} bestätigt diese Annahme. Das mecha-

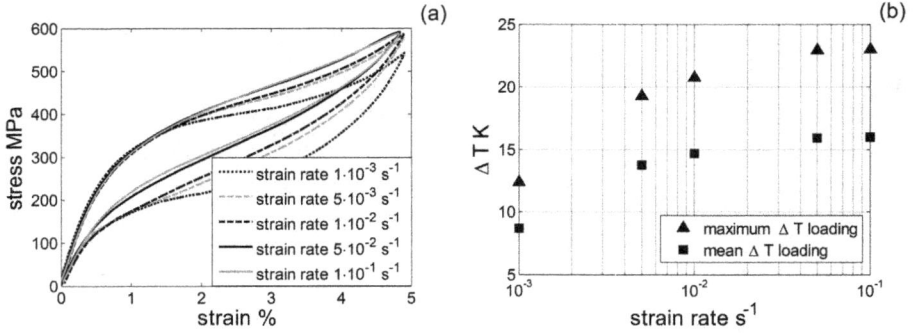

Abb. 2. Spannungs-Dehnungs-Diagramm eines Ni-Ti-Streifens bei verschiedenen Dehnraten (a), maximale und mittlere Temperaturänderung des Streifens während der Belastungsphase bei verschiedenen Dehnraten (b)

nische Verhalten von SMAs zeigt eine starke Temperaturabhängigkeit, wobei ein Temperaturanstieg während der Phasentransformation von Austenit zu Martensit einen Anstieg der Transformationsspannung zur Folge hat [9]. Die Kurven bei Dehnraten von $5 \cdot 10^{-2}\,\text{s}^{-1}$ und $1 \cdot 10^{-1}\,\text{s}^{-1}$ zeigen jedoch eine sehr gute Übereinstimmung, was die Annahme einer adiabaten Phasentransformation bestätigt. Zur Bestimmung der mittleren und maximalen Oberflächentemperatur auf Basis der IR-Messungen wurde eine Messfläche definiert, die den gesamten Streifen abdeckt. Der deutliche Unterschied zwischen maximaler und mittlerer Oberflächentemperatur lässt auf eine inhomogene Phasentransformation schließen.

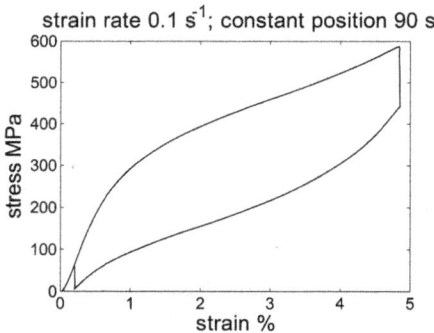

Abb. 3. Spannungs-Dehnungs-Diagramm des untersuchten Ni-Ti-Streifens bei einer Dehnrate von $0{,}1\,\text{s}^{-1}$. Die 90-sekündige Wartezeit nach der Belastung ermöglicht die Bestimmung der maximalen Temperaturerniedrigung unterhalb der Umgebungstemperatur

Die Untersuchung der maximalen Temperaturänderung der Probe während der Entlastung bei einer Dehnrate von $1 \cdot 10^{-1}\,\mathrm{s}^{-1}$ erfordert eine Variation des Versuchsablaufes. Im Anschluss an Be- und Entlastung wird die Dehnung der Probe für 90 s konstant gehalten. Innerhalb der 90-sekündigen Wartezeit kühlt die Probe ab, bis sie näherungsweise Umgebungstemperatur erreicht hat. Die endotherme Entlastung der Probe führt zu einer mittleren Temperaturänderung von $\Delta T = 12,2\,\mathrm{K}$ und einer maximale Temperaturänderung von $\Delta T = 17,6\,\mathrm{K}$ unterhalb der Ausgangstemperatur. Die geringere Temperatur zu Beginn der Entlastung führt zu einer niedrigeren Transformationsspannung (siehe Abb. 3). Wie bereits bei der Belastung zeigt sich auch bei der Entlastung eine deutliche Abweichung zwischen maximaler und mittlerer Temperaturänderung, entscheidend für den Wärmetransfer zwischen SMA und Wärmequelle ist jedoch die mittlere Temperaturänderung der Probe. Aufgrund dessen wird bei der folgenden Prozessvariation die mittlere Temperaturänderung betrachtet. Somit kann unter Berücksichtigung der spezifischen Wärmekapazität der Legierung von $0,46\,\mathrm{J/(g \cdot K)}$ maximal eine spezifische Wärmemenge von $5,6\,\mathrm{J/g}$ absorbiert werden.

3 Prozessvariation

Die Prozessvariation beinhaltet die Untersuchung des Einflusses der Kontaktzeit zwischen SMA und Wärmequelle sowie zwischen SMA und Wärmesenke auf die mechanischen und thermischen Prozessparameter. Die Versuche erfolgten unter gleichbleibender maximaler Dehnung sowie konstanter Dehnrate. Die gewählte Dehnrate von $1 \cdot 10^{-1}\,\mathrm{s}^{-1}$ wurde auf Basis der Materialcharakterisierung gewählt und liegt im adiabaten Bereich. Die Kontaktkraft zwischen belastetem SMA-Streifen und Wärmesenke beträgt 19,5 N, die Kontaktkraft zwischen entlastetem SMA-Streifen und Wärmequelle beträgt 3,9 N. Abb. 4(a) zeigt den Einfluss der Kontaktzeit auf das mechanische Materi-

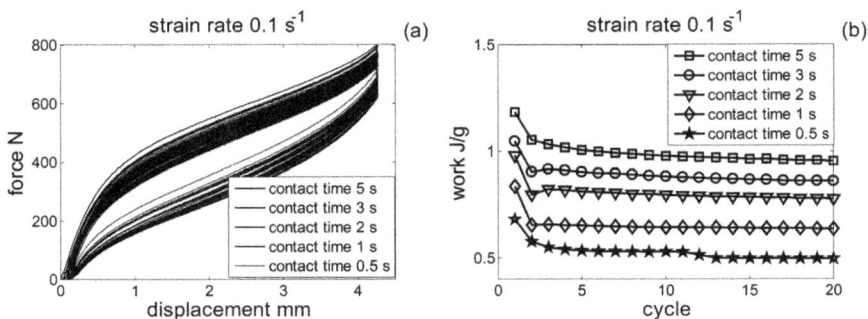

Abb. 4. Kraft-Deformations-Diagramm eines Ni-Ti-Streifens bei einem 20 Zyklen andauernden Kühlprozess und der Variation der Kontaktzeit (a). Spezifische Arbeit pro Zyklus bei Variation der Kontaktzeit (b)

alverhalten, wobei der Kontakt zwischen SMA und Wärmesenke sowie zwischen SMA und Wärmequelle nach der Belastung bzw. Entlastung erfolgt. Die Messkurven zeigen je 20 Zyklen bei Kontaktzeiten von 5 s bis 0,5 s. Der Vergleich zeigt eine Verringerung der Hysterese bei abnehmender Kontaktzeit. In Abb. 4(b) ist die aufgebrachte spezifische mechanische Arbeit pro Zyklus in J/g dargestellt, die auf der Berechnung der von der Hysterese eingeschlossenen Fläche und der Masse der Ni-Ti-Probe von 866,5 mg ($\rho = 6,64\,\text{g/cm}^3$) basiert. Neben dem Einfluss der Kontaktzeit kann auch eine Zyklusabhängigkeit der aufzubringenden Arbeit festgestellt werden.

Die Abhängigkeit des mechanischen Materialverhaltens von Kontaktzeit und Zyklenzahl lässt sich auf den Einfluss der Prozessführung sowie der thermischen Randbedingungen auf die SMA Temperatur zurückführen. Abb. 5 (a) zeigt die spezifische absorbierte Wärmemenge pro Zyklus während des Kontaktes zwischen SMA und Wärmequelle. Die Berechnung basiert auf der mittleren Temperaturänderung des Ni-Ti-Streifens während des Kontaktes zur Wärmequelle sowie der spezifischen Wärmekapazität der Legierung von 0,46 J/(g·K). Ein Vergleich von Abb. 5(a) und 4(b) zeigt, dass eine längere Kontaktzeit sowohl zu einer Steigerung der absorbierten Wärmemenge als auch zu einem größeren Arbeitsaufwand führt. Zudem nehmen sowohl Wärmemenge als auch Arbeit mit zunehmender Zyklenzahl ab. Längere Kontaktzeiten führen zu tieferen SMA Temperaturen nach Beendigung des Kontaktes zur Wärmesenke, wodurch die adiabate Entlastung bei tieferen Temperaturen beginnt und endet. Dies hat geringere Transformationsspannungen und eine breitere Hysterese zur Folge. Des Weiteren wird durch den größeren Temperaturunterschied zwischen SMA Band und Wärmequelle sowie der längeren Wärmetransferzeit mehr Wärme von der Wärmequelle absorbiert. Die längere Wärmetransferzeit zwischen SMA und Wärmequelle erhöht die SMA Temperatur nach dem Wärmetransfer, woraus höhere Temperaturen und somit auch höhere Transformationsspannungen während der Belastung resultieren. Mit zunehmender Zyklenzahl nimmt der Temperaturunterschied zwischen Wärmesenke und Wärmequelle zu, was den maximalen Temperaturunterschied zwischen entlastetem und belastetem SMA-Streifen verringert und zu der in Abb. 4(b) und Abb. 5(a) dargestellten Reduktion von aufgewandter Arbeit und absorbierter Wärmemenge führt.

Die Betrachtung des Zusammenhangs zwischen Kontaktzeit und spezifischer Kühlleistung pro Zyklus in Abb. 5(b) zeigt, dass eine Verringerung der Kontaktzeit von 5 s auf 2 s zunächst zu einem Anstieg der Kühlleistung führt und eine weitere Verkürzung der Kontaktzeit die Kühlleistung wieder verringert. Die Kühlleistung berechnet sich aus der spezifischen absorbierten Wärmemenge pro Zyklus und der Zykluszeit. Die mit zunehmender Zyklenzahl abnehmende Kühlleistung lässt sich auf die Abnahme der pro Zyklus absorbierten Wärmemenge zurückführen, was auf den Wärmetransfer im Anschluss an eine adiabate Phasentransformation zurückzuführen ist.

4 Zusammenfassung

Basierend auf der Charakterisierung der elastokalorischen Eigenschaften eines $Ni_{51.1}Ti_{48.9}$ Bandes wurde in dieser Arbeit der Einfluss der Wärmetransferdauer auf die spezifischen Prozessgrößen Arbeit, Wärme und Kühlleistung eines elastokalorischen Kühlprozesses untersucht. Ausgehend von einer im Zuge der Charakterisierung identifizierten Dehnrate, bei der die Phasentransformation näherungsweise adiabat erfolgt, wurde die Kontaktzeit zwischen SMA und Wärmesenke sowie zwischen SMA und Wärmequelle während des Kühlprozesses variiert. Die weiteren prozessrelevanten Stellgrößen Dehnung, Dehnrate und Kontaktkraft wurden konstant gehalten. Die Untersuchungen haben gezeigt, dass mit zunehmender Kontaktzeit sowohl die absorbierte Wärmemenge als auch die aufzubringende Arbeit zunimmt, zum Erreichen der maximal möglichen Wärmeabsorption, die im Zuge der Materialcharakterisierung gemessen wurde, müsste die Kontaktzeit noch weiter erhöht werden, was jedoch die Kühlleistung deutlich verringern würde. Eine mit steigender Zyklenzahl korrelierende Verringerung von Kühlleistung, absorbierter Wärmemenge und aufgewandter Arbeiter konnte bei allen Kontaktzeiten festgestellt werden und lässt sich auf den steigenden Temperaturunterschied zwischen Wärmesenke und Wärmequelle zurückführen. Des Weiteren wurde gezeigt, dass eine Kontaktzeit von 2 s für diese Probe bei den gewählten Prozessparametern eine Maximierung der Kühlleistung zur Folge hat.

Danksagung: Wir danken dem DFG Schwerpunktprogramm 1599 „Caloric effects in ferroic materials: New concepts for cooling" für die Unterstützung.

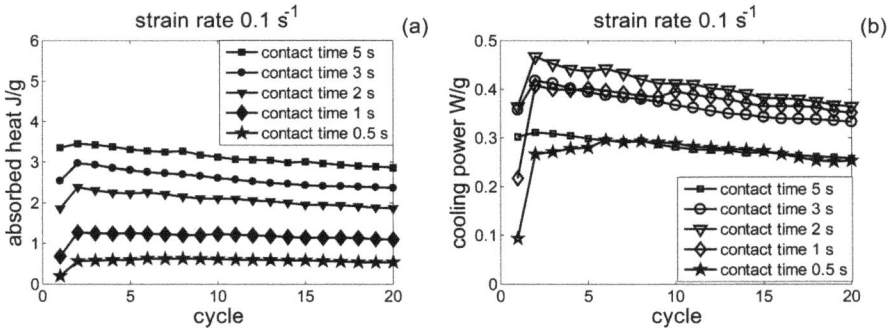

Abb. 5. Spezifische absorbierte Wärmemenge in Abhängigkeit von der Kontaktzeit während des Kontaktes zwischen SMA-Band und Wärmequelle (a). Spezifische Kühlleistung pro Zyklus in Abhängigkeit von der Kontaktzeit (b)

Literatur

[1] S. Fähler, U.K. Rößler, O. Kastner, J. Eckert, G. Eggeler, H. Emmerich, P. Entel, S. Müller, E. Quandt, K. Albe, Adv. Eng. Mater. 14 (2012) 10–19. DOI: 10.1002/adem.201100178

[2] X. Moya, S. Kar-Narayan, N.D. Mathur, Nat. Mater. 13 (2014) 439–50. DOI: 10.1038/nmat3951

[3] M. Schmidt, A. Schütze, S. Seelecke, Int. J. Refrig. 54 (2015) 88–97. DOI:10.1016/j.ijrefrig.2015.03.001

[4] Caloric Effects in Ferroic Materials: New Concepts for Cooling, DFG Priority Programme 1599. http://www.ferroiccooling.de. (2012).

[5] J. Ullrich, M. Schmidt, A. Schütze, A. Wieczorek, J. Frenzel, G. Eggeler, S. Seelecke, in: ASME 2014 Conference on Smart Materials, Adaptive Structures and Intelligent Systems, Vol. 2, ASME, 2014, p. V002T02A013. DOI: 10.1115/SMASIS2014-7619

[6] H. Tobushi, Y. Shimeno, T. Hachisuka, K. Tanaka, Mech. Mater. 30 (1998) 141–150. DOI: 10.1016/S0167-6636(98)00041-6

[7] R. Zarnetta, R. Takahashi, M.L. Young, A. Savan, Y. Furuya, S. Thienhaus, B. Maass, M. Rahim, J. Frenzel, H. Brunken, Y.S. Chu, V. Srivastava, R.D. James, I. Takeuchi, G. Eggeler, A. Ludwig, Adv. Funct. Mater. 20 (2010) 1917–1923. DOI: 10.1002/adfm.200902336

[8] M. Schmidt, J. Ullrich, A. Wieczorek, J. Frenzel, A. Schütze, G. Eggeler, S. Seelecke, Shape Mem. Superelasticity (2015). DOI: 10.1007/s40830-015-0021-4

[9] B.-C. Chang, J. a. Shaw, M. a. Iadicola, Contin. Mech. Thermodyn. 18 (2006) 83–118. DOI:10.1007/s00161-006-0022-9

Kevin Mäder, Richard Nauber, Hannes Beyer, Arne Klass, Norman Thieme, Lars Büttner and Jürgen Czarske

Modular Research Platform for Adaptive Flow Mapping in Liquid Metals

Abstract: Flow control is used in various industrial processes involving liquid metals i.e. during the solidification process of silicon to improve the quality and efficiency of photovoltaic panels. In order to investigate the interaction between time-varying magnetic fields and conductive fluids numerical simulations and model experiments with opaque low-melting alloys are performed. A suitable measurement technique for flow mapping in such model experiments is ultrasound Doppler velocimetry. In contrast to conventional systems using transducers with fixed sound field our approach is to use a phased array (PA) with the ability to focus and steer its acoustic field. We present a phased array ultrasound Doppler velocimeter (PAUDV) for flow mapping and novel measurement methods like two-point correlation of turbulent flows. The PAUDV is a modular platform with 256 independently controllable channels. Each channel is capable of transmitting pulse bursts with a peak-to-peak amplitude of 200 V at a pulse repetition frequency of up to 60 kHz. For control and signal processing a custom host software allows a high level experiment definition that is flexible regarding the experimental setup.

Keywords: Ultrasound Doppler Velocimetry, Phased Array, Flow Mapping, Measurement Uncertainty, Magnetohydrodynamics

1 Introduction

Flow control in industrial processes involving liquid metals allows for the improvement of quality, yield and energy efficiency of the process. A promising approach is to affect the electrically conductive fluids using time-varying magnetic fields. In the field of magnetohydrodynamics (MHD) a better understanding of the relation between magnetic fields, induced Lorentz forces and their effect on conductive liquids is a main goal. Numerical models are used to investigate that complex interaction, which are complemented by model experiments for validation and refinement. Those are typically conducted at room temperature using low-melting alloys like gallium-indium-tin (GaInSn). As an appropriate instrumentation system for multi plane, multi component flow mapping of such opaque liquids, systems like the ultrasound array Doppler velocimeter (UADV) are available [1], [2]. However, some experiments demand sub-millimeter resolution i.e. for flow scans or acquisition of flow characteristics like

Kevin Mäder, Richard Nauber, Hannes Beyer, Arne Klass, Norman Thieme, Lars Büttner, Jürgen Czarske: MST, TU Dresden, Dresden, Saxony, Germany, mail: kevin.maeder@mailbox.tu-dresden.de

DOI: 10.1515/9783110408539-009

two-point correlation functions of turbulent flows. In order to address these experiments ultrasound phased array beamforming (BF) [3] is a promising approach which offers the possibility to dynamically shape and steer the sound field thus allowing for a higher spacial resolution. This technique uses electrical pulses with fine adjustable delays for each ultrasound transceiver element. The elements have sub-wavelength dimensions, thus the array as a whole is emitting a shaped sound field through overlaying all single emissions by an interference principle. We present a phased ultrasound array Doppler velocimeter system for high precision measurements in opaque liquids. Providing individual programmable delays for all channels beamforming operation on the transmit side is applicable. In addition a host software was developed which allows for fine grained experiment definition and customized signal processing beamforming on the receive side possible as well.

2 System Description

The PAUDV system is designed as a research platform for flow mapping using phased array ultrasound sensors with up to 256 channels in parallel. It is able to transmit bursts with a peak-to-peak amplitude of 200 V with a frequency ranging from 1 to 10 MHz at a pulse repetition frequency of up to 60 kHz. The modular design allows for an easy adjustment of the hardware setup to the needs of the respective measurement task, i.e. usage of different or multiple ultrasound arrays. Due to a definition of the experiment sequence from atomic parts which can be parameterized individually a wide range of applications can be covered. Thus many different measurement modes like flow mapping with TX and/or RX beamforming or simultaneous velocity measurements at different locations using time multiplexed focusing are applicable.

2.1 Hardware Architecture

The hardware structure of the PAUDV is shown in figure 1. It consists of a main controller module, eight 32-channel ultrasound transceiver modules, a HV backplane and an external acquisition unit.

Each transceiver unit contains an analog front end for receiving (RX) and a binary high voltage (HV) driver for transmitting (TX) ultrasound signals. For transmission, delayed pulse patterns are generated by the TX beamformers for each channel individually. These HV signals are routed through the HV backplane to the respective ultrasound arrays. Received signals are routed back through the corresponding T/R switches to a preamplifier stage for low-noise signal conditioning. The analog signals are passed to an external back-end consisting of one or multiple sets of FPGA (NI PXIe

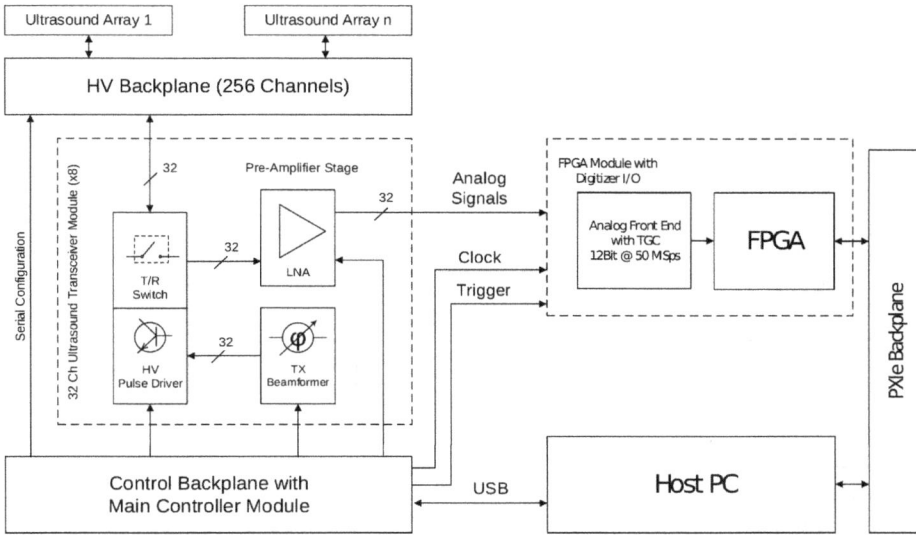

Fig. 1. Block diagram PAUDV hardware

7965) and A/D-converter modules (NI 5752) which apply further amplification using a programmable time gain control and digitize the signals.

2.2 Software Architecture

On the software side the PAUDV can be divided into the main controller firmware, the host software and the FPGA firmware (see figure 2). The main controller is a micro-controller-based real-time system which executes instructions to set parameters such as delays, pulse patterns and amplification gains and controls all time-critical functionality of connected transceiver cards. These instructions are generated by the host PC.

For control and signal processing a host software was implemented in the programming language Python. The experimental setup is described by a hardware setup model, an experiment procedure and a data processing sequence. For the hardware setup model every module of the PAUDV system is represented by an object. The set of hardware model object can be expanded for future extensions or usage of different ultrasound arrays. Electrical interconnections between modules are mapped by connections between these objects thus reflecting signal paths. Therefore the experimenter can address any signal path by the ultrasound array element object directly throughout the whole experiment.

The experiment procedure is created as a hierarchical structure of tasks. From this task tree instructions for the PAUDV are generated. The host software offers a set of

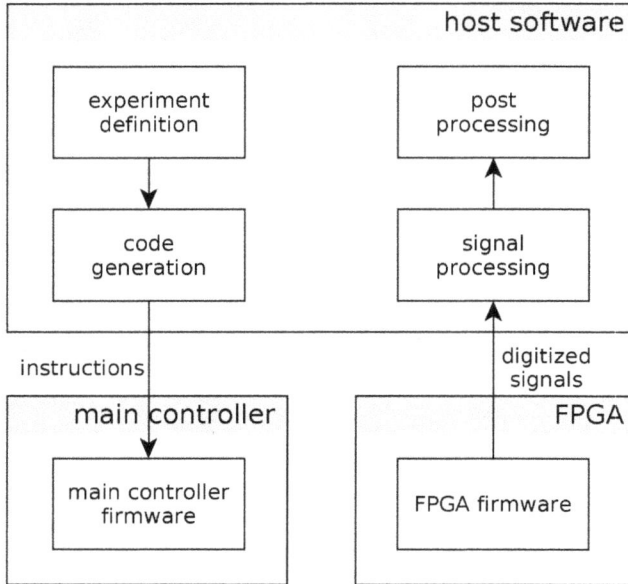

Fig. 2. Software architecture of the PAUDV system

predefined tasks which provide functionality for single velocity measurements as well as to group or interleave multiple tasks, loop over tasks or to set or wait for external triggers. Each task can be parameterized individually. This approach makes it possible to specify a wide range of experiments in a well defined manner.

Signal and post processing are structured by using the corresponding task hierarchy and hardware setup model. Applying this abstraction and predefined functionalities for filtering, RX beamforming and velocity estimation the experimenter can define a processing method which is run for every measurement task as a processing job. As different processing jobs are mostly independent of each other parallelization is supported to improve runtime performance. Processing results are saved in a flexible data container which provides an easy interface for further processing or result presentation.

3 Measurement Results

To demonstrate the capabilities of the system flow mapping experiments of a disturbed flow behind a cylinder in a rectangular water channel were conducted. For velocity estimation an autocorrelation method [4] was used. Two component flow mapping with one acoustical access was done using a cross beam method [5]. The phased array used (Sonaxis, 128 elements, pitch = 0,5 mm) was positioned parallel to the flow direction.

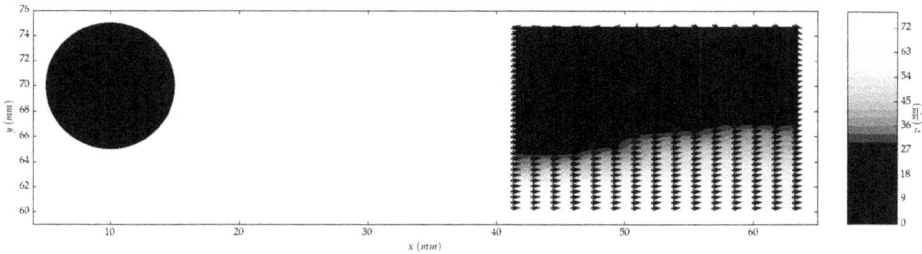

Fig. 3. Averaged two component flow mapping of water behind a cylinder: Absolute flow speed is indicated by the color while arrows point into direction of flow. The main flow is in positive x-direction. The ultrasound array is placed at $x = 52$ mm, $y = 0$. Averaging is done over 50 s.

Figure 3 shows an averaged two component flow mapping. In the figure the wake space behind the flow obstacle can be identified. Results of a flow mapping experiment behind a cylinder for 3 consecutive frames ($\Delta t = 0,05$ s) are displayed in figure 4. In this time-resolved measurement the passing of a single Kármán street vortex is visible.

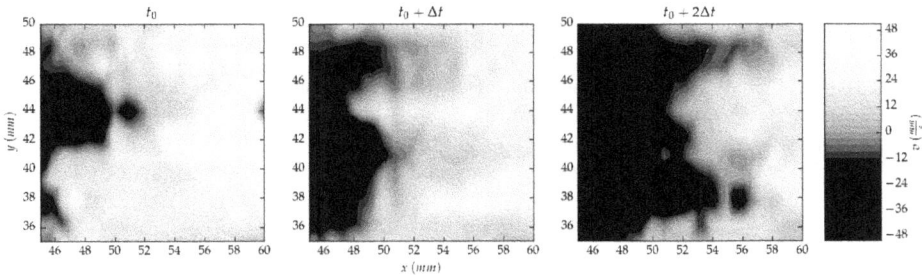

Fig. 4. Velocity component in y-direction of a water flow behind a cylinder at three consecutive times with $\Delta t = 0,05$ s: The main flow is in positive x-direction. The ultrasound array is placed at $x = 52$ mm, $y = 0$. The cylinder is placed at $x = -40$ mm, $y = 40$ mm.

4 Summary and Outlook

Model experiment studies are necessary for further research in MHD, as these are needed for a better understanding of the interaction between magnetic fields and conductive fluids. Our modular PAUDV system offers the opportunity for new flow mapping experiments such as two-point correlation measurement in turbulent flows with variable focal points or high resolution two component scanning while only needing one acoustical access. Up to 256 elements with distinct beamforming delays can be configured at a pulse frequency of 60 kHz. To simplify control of the device and respective data processing a custom host software was implemented. This allows for experiment specification at a high level using hardware abstraction and an experiment sequence composed of simple experiment blocks. Data processing is structured by this sequence too making it easier to specify a processing routine and enabling parallelization.

To further improve performance of the system and make longer measurements possible it is planned to implement RX beamforming on the FPGA of the back-end to reduce the rate of measurement data to be written to storage. For characterization of the system uncertainty evaluation and comparing experiments with particle image velocimetry in a water channel will be conducted. We plan to apply the system to low temperature models of the continuous steel casting process as well as semiconductor crystal grows experiments.

Bibliography

[1] L. Büttner, R. Nauber, M. Burger, D. Räbiger, S. Franke, S. Eckert and J. Czarske. Dual-plane ultrasound flow measurements in liquid metals. *Measurement Science and Technology*, 24(5):055302, 2013.

[2] R. Nauber, M. Burger, M. Neumann, L. Büttner, K. Dadzis, K. Niemietz, O. Pätzold and J. Czarske. Dual-plane flow mapping in a liquid-metal model experiment with a square melt in a traveling magnetic field. *Experiments in Fluids*, 54(4), 2013.

[3] V. Schmitz, W. Müller and G. Schäfer. Synthetic aperture focussing technique: State of the art. In Helmut Ermert and Hans-Peter Harjes, editors, *Acoustical Imaging*, volume 19 of *Acoustical Imaging*, pages 545–551. Springer US, 1992.

[4] T. Loupas, J.T. Powers and R.W. Gill. An axial velocity estimator for ultrasound blood flow imaging, based on a full evaluation of the doppler equation by means of a two-dimensional autocorrelation approach. *Ultrasonics, Ferroelectrics, and Frequency Control, IEEE Transactions on*, 42(4):672–688, July 1995.

[5] B. Dunmire, K. W. Beach, K.-H. Labs, M. Plett and D. E. Strandness Jr. Cross-beam vector doppler ultrasound for angle-independent velocity measurements. *Ultrasound in Medicine and Biology*, 26(8):1213–1235, 2000.

Sergei Olfert und Bernd Henning

Analyse integral erfasster Schallwechseldruckverteilungen in Schlierenabbildungen

Zusammenfassung: Die Schlierentechnik ist ein schnelles und nichtinvasives Verfahren zur Visualisierung von Schallwechseldruckverteilungen bzw. Schallfeldern in transparenten Flüssigkeiten. Der Nachteil dieses Verfahrens ist bisher die lediglich qualitative Abbildung der Schallwechseldruckverteilung. Dabei wird die akustooptische Interaktion zwischen einer transmittierenden elektromagnetischen Welle (EM-Welle) und der akustischen Welle ausgenutzt. Die Phase der ebenen EM-Welle wird beim Transmittieren durch die akustische Welle integral in Richtung der optischen Achse moduliert und nach einer optischen Filterung auf einem Bildsensor abgebildet. In diesem Beitrag wird gezeigt, dass die Orthogonalität der Schallwellen- und EM-Wellenfronten ein wichtiges Kriterium für die Abbildung der Schallwechseldruckverteilungen ist. Bei realen Schallwechseldruckverteilungen ist diese Bedingung nicht an jedem Ort erfüllt. Zur Untersuchung des Einflusses einer Verletzung der Orthogonalitätsbedingung auf die Abbildung wurde ein Simulationsmodell entwickelt.

Schlagwörter: Schallfeldvisualisierung, Ultraschall, Schlieren, Schallwechseldruckmessung

1 Einleitung

In vielen Bereichen der Industrie und der Medizintechnik werden Ultraschallwandler benötigt, die spezielle Anforderungen erfüllen müssen. Bei der Entwicklung von neuen Ultraschallsensoren und Ultraschallmesssystemen müssen deren Eigenschaften sowie die Schallausbreitung messtechnisch verifiziert werden.

Zur Messung von Schallwechseldruckverteilungen in Flüssigkeiten gibt es unterschiedliche Verfahren. Am häufigsten werden Hydrophone eingesetzt. Die Hydrophonmessung weist allerdings entscheidende Nachteile auf. Zum einen wird das Hydrophon in dem Ausbreitungsweg der Schallwelle positioniert und beeinflusst somit die Schallwellenausbreitung. Zum anderen wird die Hydrophonmessung an einer Position durchgeführt. Somit ist die Messung von räumlichen Schallwechseldruckverteilungen durch punktweises Scannen sehr zeitaufwendig.

Zur Erfassung der räumlichen Schallwechseldruckverteilung in optisch transparenten Flüssigkeiten ist die Schlierenmethode besser geeignet, da diese Methode schnell und nichtinvasiv ist. Mit der Schlierentechnik lassen sich z.B. unmittelbar Aus-

Sergei Olfert, Bernd Henning: Universität Paderborn, Elektrische Messtechnik,
mail: olfert@emt.upb.de

DOI: 10.1515/9783110408539-010

wirkungen auf die abgestrahlte Schallwechseldruckverteilung bei Parametervariationen, wie z.B. Anregungsfrequenz, Sendesignalform, Einbau des Ultraschallwandlers oder die Interaktion der Ultraschallwelle mit Konstruktionselementen der Messvorrichtung untersuchen.

2 Aufbau und Funktionsweise eines Schlierenmessplatzes

Bei der Schlierenmethode wird die akustooptische Interaktion zwischen einer transmittierenden elektromagnetischen Welle (EM-Welle) und der akustischen Welle ausgenutzt, mit der die Schallwechseldruckverteilung auf einem Bildsensor abgebildet wird. Die Abb. 1 veranschaulicht den Aufbau des realisierten Schlierenmessplatzes [1; 2].

Als Strahlungsquelle dient ein Diodenlaser, der sowohl kontinuierlich als auch gepulst betrieben werden kann. Die vom Laser emittierte ebene EM-Welle wird durch eine Optik aufgeweitet und breitet sich durch einen mit transparenter Flüssigkeit gefüllten Behälter aus. Ein Ultraschallwandler koppelt akustische Wellen in die Flüssigkeit ein. Die lokale Schallwechseldruckverteilung moduliert den Brechungsindex in der Flüssigkeit. Unter der Voraussetzung, dass die Amplitude der Brechungsindexänderung nicht zu groß ist, kann von der Raman-Nath-Beugung ausgegangen werden [3]. Nach Raman und Nath wird bei der Interaktion zwischen der EM- und der akustischen Welle nur die Phase der EM-Welle moduliert. Die phasenmodulierte EM-Welle wird in die Brennebene der Linse L2 fokussiert (siehe Abb. 1). Das Interferenzmuster in der Brennebene entspricht der Fouriertransformierten der EM-Welle unmittelbar nach Transmission der akustischen Welle. Die Fokusebene der Linse L2 wird auch Fourierebene genannt. Für die Filterung in der Fourierebene werden in der Literatur

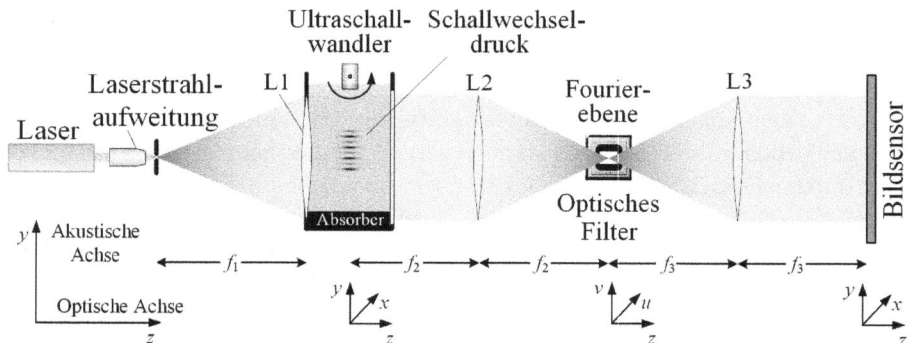

Abb. 1. Aufbau des Schlierenmessplatzes

unterschiedliche Filter, wie z.B. Punktblende, Messerschneide oder Gradientenfilter erwähnt. Beim realisierten Aufbau zur optischen Filterung wird eine Kippspiegelmatrix (DLP) von Texas Instruments verwendet [2]. Dieses optische Filter ermöglicht unterschiedliche Amplitudenfilter zu realisieren. Nach der Filterung in der Fourierebene und der anschließenden Rücktransformation lässt sich die elektrische Feldstärke durch die Gleichung 1 berechnen.

$$E(x, y, z, t) = \mathcal{F}^{-1}\left\{\mathcal{F}\left\{E_0 e^{j\left(n_0 + \left(\frac{dn}{dp}\right)\int p(x,y,z,t)\,dz\right)}\right\} \cdot P(u, v)\right\} \tag{1}$$

Dabei sind E_0 die Amplitude der einfallenden ebenen EM-Welle vor der Schallwechseldruckverteilung, $P(u, v)$ ist die Filterfunktion in der Fourierebene, p der Schallwechseldruck und (dn/dp) piezooptische Konstante. Die Intensität am Ort des Bildsensors wird mit einer Spiegelreflexkamera erfasst und im RAW-Datenformat gespeichert. Das RAW-Datenformat wird von den Herstellern nicht offengelegt und muss in ein anderes Bildformat entwickelt werden. Als Ausgabeformat eignet sich beispielsweise das Tiff-Bildformat mit 16 bit Dynamikumfang, um den gesamten Dynamikumfang des Bildsensors ausnutzen zu können. Um einen Einfluss auf die Bildhelligkeit durch die Bildentwicklungssoftware zu vermeiden, werden die Bilddaten ohne automatische Korrektur ($\gamma = 1$) entwickelt. Die Bildhelligkeit des entwickelten Bildes ist proportional zum Betragsquadrat der elektrischen Feldstärke am Ort des Bildsensors. Bei Verwendung eines Punktfilters ist die Intensität am Ort des Bildsensors proportional zum Betragsquadrat der Phasenänderung.

3 Modelle zur Berechnung der integralen Schallwechseldruckverteilung

Ein Nachteil der Schlierentechnik ist die lediglich qualitative Abbildung der Schallwechseldruckverteilung. Die Schlierenabbildung ist eine integrale Größe der Schallwechseldruckverteilung längs des optischen Pfades. Die räumliche 3D-Schallwechseldruckverteilung wird üblicherweise aus verschiedenen Richtungen abgebildet und daraus eine tomografische Rekonstruktion der Schallwechseldruckverteilung durchgeführt. Ist jedoch ein im optischen Pfad befindliches Testobjekt (z.B. am akustischen Reflektor abgelenkte Schallwelle) selbst nicht optisch transparent, so ist die Aufnahme der Schallausbreitung aus verschiedenen Richtungen nicht möglich. In diesem Fall muss die einzelne Schlierenabbildung interpretiert werden. Dabei steht die Frage nach den relevanten Schallwechseldruckanteilen für die Integration im Vordergrund. Nachfolgend wird das Modell nach Raman und Nath zur Berechnung der Phasenänderung der EM-Welle vorgestellt und daraus ein erweitertes Modell abgeleitet, um die Abbildung beliebiger Schallwechseldruckverteilungen zu untersuchen.

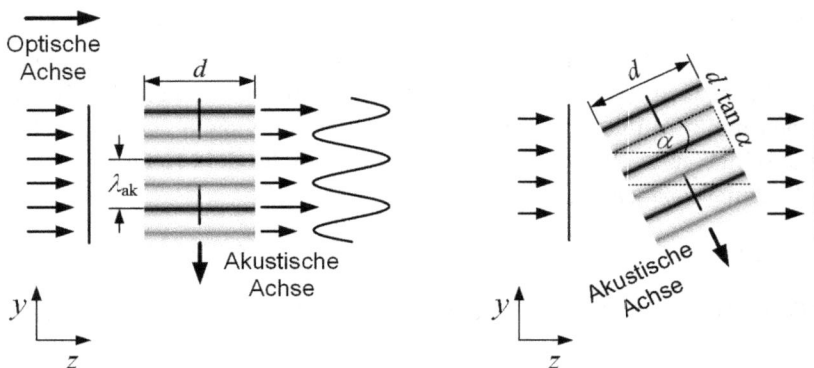

Abb. 2. Phasenänderung der elektromagnetischen Welle a) bei senkrechtem Einfall und b) bei schrägem Einfall der akustischen Welle

3.1 Modell nach Raman und Nath

Als Grundlage für die Berechnung der Phasenänderung haben Raman und Nath eine ideale homogene, ebene und in x-Richtung unendlich ausgedehnte akustische Welle angesetzt, die durch die Gleichung 2 beschrieben wird.

$$p(y, z, t) = \hat{p} \sin(\omega t - ky) \cdot \text{rect}(z/d) \qquad (2)$$

Dabei sind $\hat{p}$ die Schallwechseldruckamplitude und d die Tiefe der Schallwechseldruckverteilung in Richtung der optischen Achse. Der Schallwechseldruck moduliert sowohl die Dichte als auch den Brechungsindex des Ausbreitungsmediums. Die Phasenänderung der EM-Welle entlang eines Integrationspfades lässt sich nach Gleichung 3 berechnen.

$$\varphi = \frac{2\pi}{\lambda_{\text{opt}}} \left(\frac{dn}{dp}\right) \int_0^1 p\left(\gamma(s)\right) \left\|\frac{d\gamma(s)}{ds}\right\| ds \qquad (3)$$

Hierbei sind λ_{opt} die Wellenlänge der EM-Welle, γ der parametrisierte Integrationspfad mit der Bogenlänge s und α der Schwenkwinkel der akustischen Wellenfront mit

$$\gamma(s) = \begin{pmatrix} x(s) \\ y(s) \end{pmatrix} = \begin{pmatrix} d \cdot s \\ d \cdot s \cdot \tan\alpha \end{pmatrix}$$

Die Abb. 2 veranschaulicht die Phasenänderung der EM-Welle bei senkrechtem (a) und bei schrägem Einfall (b) auf die akustische Welle. Um eine repräsentative Aussage zu erhalten, muss die Phasenänderung für alle y berechnet werden. Aufgrund sinusförmiger Schallwechseldruckverteilung in y-Richtung genügt es, die Phasenänderung für eine Wellenlänge der akustischen Welle zu berechnen. Das Maximum aller

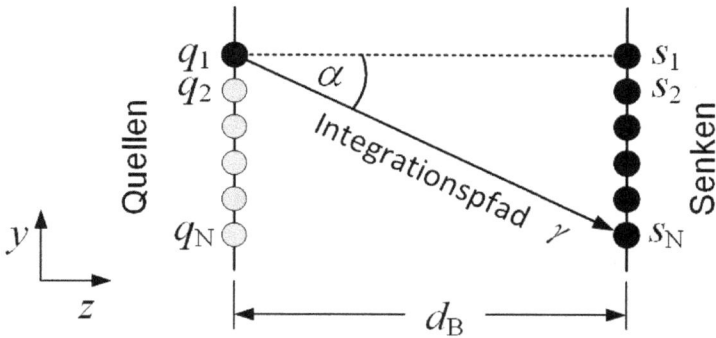

Abb. 3. Methode zur numerischen Berechnung der Phasenänderung im Bilanzgebiet zwischen den Quellen q_i und den Senken s_j

berechneten Phasenänderungen repräsentiert die maximale Bildhelligkeit der Schlierenabbildung.

3.2 Erweitertes Modell zur Berechnung der Phasenänderung

Das Schallfeld eines realen Ultraschallwandlers hat nicht nur eine Hauptkeule, sondern auch Nebenkeulen. Um den Einfluss von Nebenkeulen auf die Schlierenabbildung untersuchen zu können, wird das Schallfeld eines idealen kreisförmigen Kolbenschwingers im Fernfeld nach Gleichung 4 verwendet [5].

$$p(\theta, y) = p(y)\frac{2\,J_1\,(\pi D \sin(\theta)/\lambda_{ak})}{\pi D \sin(\theta)/\lambda_{ak}} \tag{4}$$

$p(y)$ ist der Schallwechseldruck entlang der akustischen Achse für $\theta = 0$, D ist der Durchmesser des Kolbenschwingers, J_1 ist die Besselfunktion erster Ordnung und λ_{ak} die Wellenlänge der akustischen Welle. Die Phasenänderung der EM-Welle, verursacht durch die Schallwechseldruckverteilung, lässt sich nicht mehr analytisch berechnen. In diesem Fall wird die Phasenänderung entlang des Integrationspfades numerisch berechnet. Die Abbildung 3 veranschaulicht die Methode zur Berechnung der Phasenänderung im Bilanzgebiet.

Zunächst wird für den Schwenkwinkel $\alpha = 0$ zwischen den Quellen q_i und den Senken s_i die Phasenänderung numerisch mit der diskretisierten Form der Gleichung 3 berechnet. Für weitere Berechnungen ergibt sich der Winkel α und damit die jeweiligen Integrationspfade aus der Neuanordnung der Quellen und Senken nach Abbildung 3. Die Neigung des Integrationspfades entspricht einer Neigung der akustischen gegenüber der optischen Achse. Für jeweils einen Winkel α ergibt sich eine Schar von Phasenänderungen. Das Maximum der Phasenänderungen für den jeweiligen Winkel α entspricht der maximalen Bildhelligkeit.

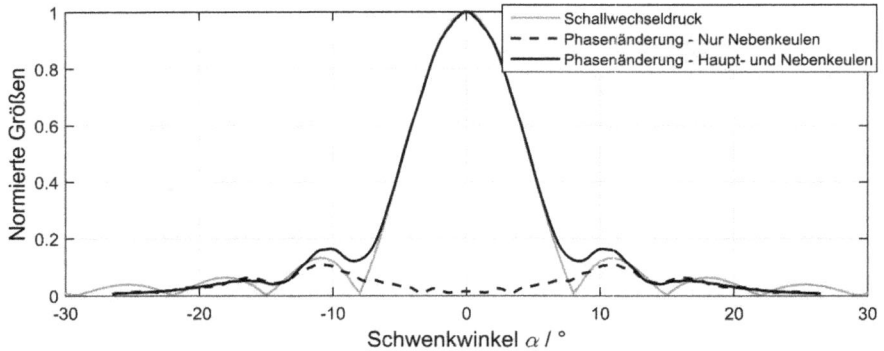

Abb. 4. Vergleich zwischen normiertem Schallwechseldruck, der normierten Phasenänderung verursacht nur durch Nebenkeulen und der Phasenänderung verursacht durch die Haupt- und Nebenkeulen.

Bei dieser Methode lassen sich unterschiedliche Schallwechseldruckverteilungen vorgeben. Bei der Berechnung der Phasenänderung können z.B. nur Hauptkeule, nur Nebenkeulen oder die gesamte Schallwechseldruckverteilung berücksichtigt werden. Auf diese Weise ist es möglich, den Einfluss der Nebenkeulen auf die Schlierenabbildung detailliert zu untersuchen. Beispielsweise sind bei einem kreisrunden Kolbenschwinger die Normalenkomponenten der Nebenkeulen typischer Weise nicht orthogonal zur EM-Welle.

Die Abbildung 4 zeigt die Simulationsergebnisse für Phasenänderung unter Verwendung der Gleichung 4 für die Schallwechseldruckverteilung mit $D = 13\,mm$, $\lambda_{ak} = 1,5\,mm$. In der Abbildung 4 sind die Phasenänderungen verursacht nur durch Nebenkeulen (gestrichelte Kurve) und durch Haupt- und Nebenkeulen (scharze Kurve) dargestellt. Als Vergleich zu der Phasenänderung wird der Schallwechseldruck abhängig vom Schwenkwinkel α dargestellt.

Für kleine Schwenkwinkel wird die berechnete Phasenänderung maßgeblich durch die Hauptkeule verursacht. Bei Nichteinhaltung der Orthogonalität zwischen den akustischen und optischen Phasenfronten wird die Schallwechseldruckverteilung nur vermindert erfasst, d.h. dunkler abgebildet. Bei einer Neigung der akustischen Achse um zum Beispiel ca. 10° wird nur die Nebenkeule dargestellt. Die Hauptkeule hat in diesem Fall nur einen marginalen Anteil an der erfassten Phasenänderung. Daraus lässt sich schlussfolgern, dass nur ein kleiner Winkelbereich um die Normalenkomponente der akustischen Welle einen signifikanten Beitrag zur Phasenänderung und damit zur Bildhelligkeit beiträgt.

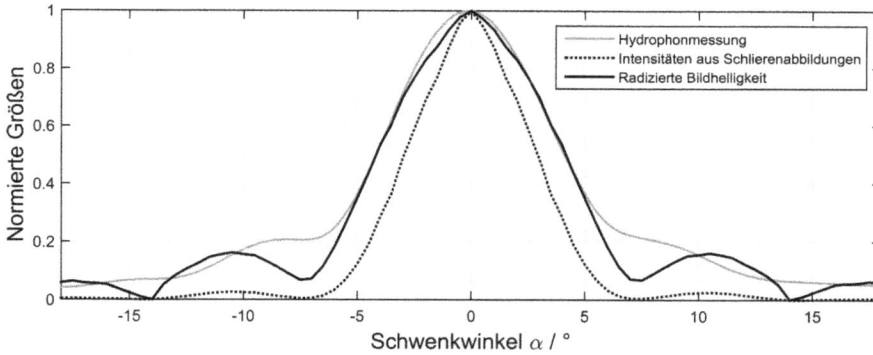

Abb. 5. Vergleich zwischen dem Schallwechseldruck aus der Hydrophonmessung, der Bildhelligkeit aus den Schlierenabbildungen und dem Betrag der Phasenänderung (Proportional zur radizierten Bildhelligkeit)

4 Experimentelle Verifikation

Zur Verifikation der Simulationsergebnisse wird ein Schlierenmessplatz nach Abbildung 1 verwendet. Zur optischen Filterung in der Fourierebene wird ein ideales Hochpassfilter (Kreisförmige Punktblende) verwendet. Die Schallwellenanregung erfolgt mit einem nichtfokussierenden Ultraschallwandler (Panametrics V303), der mittels einer Rotationseinrichtung in einem definierten Winkel parallel zur optischen Achse (z-Richtung) geschwenkt wird. Nach jeder Winkeleinstellung wird die Schlierenabbildung der 3D-Schallwechseldruckverteilung mit einer digitalen Spiegelreflexkamera erfasst und linear entwickelt. Zusätzlich wird der Schalldruck beim jeweiligen Schwenkwinkel mit einem Hydrophon gemessen. Für einen Vergleich der Messergebnisse aus Hydrophon- und Schlierenmessung wird die Bildhelligkeit jedes Pixels radiziert. Für den jeweiligen Schwenkwinkel des Ultraschallwandlers wird die Bildhelligkeit in einem Bildausschnitt von wenigen Pixeln auf der akustischen Achse gemittelt. Die Messergebnisse sind in der Abbildung 5 dargestellt.

Der Vergleich zwischen dem Schallwechseldruck aus der Hydrophonmessung und der Bildhelligkeit aus der Schlierenmessung weist gerade bei der Hauptkeule des Schallfeldes eine gute Übereinstimmung auf.

Diese Untersuchung zeigt, dass nur ein kleiner Winkelbereich der Schallwellenfront einen signifikanten integralen Anteil zur Phasenänderung und damit zur Schlierenabbildung beiträgt. Dies hat zur Folge, dass die Algorithmen für die 3D-Rekonstruktion aufgrund falscher Annahmen nicht korrekt sein können.

5 Zusammenfassung und Ausblick

Akustische Wellen, deren Wellennormale von der Orthogonalen zur optischen Achse abweichen, werden beim Schlierenverfahren kaum erfasst bzw. verursachen nur vernachlässigbare Phasenänderungen.

Für kleine Schwenkwinkel tragen Nebenkeulen nur einen marginalen Beitrag zur integralen Phasenänderung. Dies hat zur Folge, dass eine 3D-Rekonstruktion aufgrund falscher Annahmen nicht korrekt ist.

Das Ziel weiterer Untersuchungen ist die Entwicklung von 3D-Rekonstruktionsalgorithmen unter Berücksichtigung des erweiterten Phasenänderungsmodells.

Literatur

[1] G.S. Settles, Schlieren und shadowgraph techniques: visualizing phenomena in transparent media. Springer Berlin Heidelberg, 2001.

[2] C. Unverzagt, S. Olfert, B. Henning, A new method of spatial filtering for Schlieren visualization of ultrasound wave fields. In ICU 2009, Santiago de Chile, 11.–17.01.2009., S. 935–942.

[3] N. Nath, C. Raman, The diffraction of light by sound waves of high frequency: Part II. Indian Academy of Sciences, Volume 2, Issue 4 , s. 413–420, 1935

[4] J. Goodman, Introduction to Fourier optics. 3rd ed. Englewood, Colorado: Roberts; Roberts & Co., 2005.

[5] J. Krautkrämer, H. Krautkrämer, Werkstoffprüfung mit Ultraschall. 5th ed. Berlin, New York: Springer-Verlag, 1986.

Alexey Pak

Smooth generic camera calibration for optical metrology

Abstract: The pinhole camera model (PCM) is convenient for the theoretical description of image acquision, but is too simple to adequately represent the distortions in real cameras and lenses. The alternative technique of the generic camera calibration (GCC) may capture the imaging geometry with metrological accuracy, but lacks the local smoothness essential for many applications. In this report, we present the concept of the smooth generic camera calibration (sGCC) that combines the convenience of the PCM with the universality of the GCC. The sGCC is intended to be a universal solution for continuous 2D imaging sensors and can be easily adapted for e.g. catadioptric sensors and wide-angle lenses as well as imaging systems with multiple projection centers. We describe the calibration procedure based on the same data as the GCC and outline the way to extend the sGCC framework to account for the finite sharpness effects.

Keywords: Camera calibration, Camera models, Finite element method, Non-linear optimization, Pinhole camera, Generic camera calibration, Sharpness, Blur

1 Introduction

Modern multi-megapixel digital cameras and sophisticated lenses allow extremely precise high-resolution observations in a wide range of conditions, enabling multiple fast and accurate metrological applications. In order to interpret a camera image or a sequence of images in terms of parameters that characterise the observed object or a scene, one needs a calibrated camera model [4]. In other words, the physics of the image acquisition has to be modeled and the accuracy of both the model and its parameters must match that of the the desired measurement.

Once the light hits the sensor, the output signal is produced by the matrix and the electronics of the camera. The respective (photometric) calibration can be performed by the camera manufacturer and reported according to e.g. the EMVA 1288 standard [2]. The correspondence between the points in 3D space and the respective image positions is established with the help of the geometrical calibration. It is more difficult to standardize and it typically has to be performed every time the camera moves or the lens is adjusted. The camera's position and orientation can be naturally specified in terms of the six "extrinsic" parameters corresponding to the embedding of the camera's frame into the global 3D coordinates. This report focuses on the remain-

Alexey Pak: Fraunhofer Institute of Optics, System Technologies and Image Exploitation IOSB, Fraunhoferstraße 1, 76131 Karlsruhe, Germany, mail: alexey.pak@iosb.fraunhofer.de

DOI: 10.1515/9783110408539-011

ing (and the most challenging) "intrinsic" calibration that describes the view rays in the camera's own system of coordinates.

This text is structured as follows. In Sec. 2 we briefly introduce the notation and characterize the two well-known calibration models, the PCM and the GCC. Sec. 3 provides the basics of the suggested sGCC framework and clarifies its relation to other models. The preliminary experimental results are reported in Sec. 4. After that, the blurring effects are discussed in Sec. 5, and Sec. 6 summarizes the paper.

2 Intrinsic camera models

We define an intrinsic camera model as a mapping $P_{\text{direct}} : \vec{p} = (x, y, z)^T \mapsto \overline{\pi} = (u, v)^T$ that associates a (continuous) sensor coordinate $\overline{\pi}$ to any position $\vec{p}$ of the observed object in the 3D space (defined in the camera's own frame). Additionally, we may be interested in the inverse mapping $P_{\text{inverse}} : \overline{\pi} \mapsto \{\vec{o}, \vec{r}\}$, where $\vec{o} = (o_x, o_y, o_z)^T$ is the origin of the view ray corresponding to $\overline{\pi}$ and $\vec{r} = (r_x, r_y, r_z)^T$ its direction (we assume that the light propagates along straight lines).

Already at this point we may see some challenges. First, no camera produces an infinitely sharp image. We therefore interpret $\overline{\pi}$ in P_{direct} as the central point of the (blurred) image of a point-like object located at $\vec{p}$. Similarly, $\vec{o}$ and $\vec{r}$ in P_{inverse} are assumed to determine the axis of a (e.g. Gaussian) beam emitted from the camera if a point-like source is placed at $\overline{\pi}$ on the sensor. From here on and until Sec. 5, we will neglect the blurring effects. Another point to notice is that the geometry of P_{inverse} is invariant under an arbitrary replacement $\vec{o} \rightarrow \vec{o} + \alpha\vec{r}, \vec{r} \rightarrow \beta\vec{r}$ for any $\alpha, \beta \in \mathcal{R}$. In addition, the choice of the camera's coordinate system with respect to the bundle of the view rays is arbitrary and one can rotate and translate $\vec{o}, \vec{r}$, and $\vec{p}$ together while adjusting the extrinsic parameters accordingly. Any calibration model thus needs an explicit or implicit recipe to fix those spurious freedoms.

In what follows we briefly describe the two well-known camera models that may be considered the "opposing ends" of the spectrum.

Pinhole camera model (PCM)

The PCM is the simplest intrinsic model, widely used in theoretical literature [4]. One assumes that all view rays originate from a single point (the projection center). In the simplest case, the sensor position corresponding to a view ray coincides with the coordinates on some pre-defined plane of a point where it is intersected by the view ray. Allowing for arbitrary "magnification" and "skewness" coefficients of the mapping, one ends up with only six degrees of freedom $(a_1, ..., a_6)$ to estimate:

$$P_{\text{inverse}}^{\text{PCM}} : \overline{\pi} \mapsto \{\vec{o} = (0, 0, 0)^T, \ \vec{r} = (a_1 u + a_2 v + a_3, a_4 u + a_5 v + a_6, 1)^T\}. \quad (1)$$

This model has multiple advantages. First, both $P_{\text{direct}}^{\text{PCM}}$ and $P_{\text{inverse}}^{\text{PCM}}$ are closed-form formulas that allow efficient evaluation at pixel positions $\overline{\pi} = \overline{\pi}_i$ and between them. Second, one can analytically differentiate both mappings which facilitates e.g. the analysis of the optical flow or the differential-geometric studies of surfaces. Finally, the calibration of both intrinsic and extrinsic parameters may be performed using the bundle adjustment (regression) based on a few observed 3D points with known positions from several perspectives. A famous algorithm of a PCM calibration (allowing for a few polynomial corrections) was suggested by Zhang et al [11] and implemented in the OpenCV library [1]. The parameters are estimated based on a few images of a static reference pattern with a sparse set of reliably recognizable points (e.g. corners). This procedure is a de-facto standard in computer vision.

Generic camera calibration (GCC)

The six parameters (or even 14 as in the extended Zhang model with polynomial distortions) are not sufficient to describe all possible imaging geometries implemented by various cameras and lenses. The PCM introduces thus a scene- and position-dependent systematic error that is most prominent for complex lenses and completely fails to describe e.g. lenses with a wide-angle ($> 180°$) field of view. In order to enable unbiased metrological calibration for any cameras and lenses, Sturm et al suggested GCC as a non-parametric universal model [9; 7]. In essense, the camera model in GCC is reduced to a table $T_{\text{inverse}}^{\text{GCC}} : i \mapsto \{\vec{o}_i, \vec{r}_i\}$ for all pixels $i = 1, \dots, N$.

The GCC is capable of describing arbitrary visual sensors, including multi-camera or catadioptric systems; it is widely used in precision metrology (see e.g. [8] and references therein). The calibration process is more complicated than that for the PCM and requires a dense map of correspondences that cannot be obtained from the images of static patterns. Instead, one uses active screens that project a sequence of coding patterns recorded synchronously by the camera. The 3D positions of the screen pixels can be decoded from the sequences of the recorded camera pixel values. The regression to obtain $\vec{o}_i$ and $\vec{r}_i$ (with the fixed camera pose) is performed independently for each pixel, which ensures high flexibility.

However, the inverse mapping $P_{\text{inverse}}^{\text{GCC}}$ is only well-defined at the pixel positions $\overline{\pi}_i$, while inter-pixel values must be interpolated under some smoothing assumptions. The projection $P_{\text{direct}}^{\text{GCC}}$ is hard to implement efficiently: in the worst case, one needs to traverse the entire table $T_{\text{inverse}}^{\text{GCC}}$ to find the "best" pixel that minimizes the re-projection error. The $P_{\text{inverse}}^{\text{GCC}}$ is not required to be smooth, since the calibration errors as well as the scaling of the ray direction vector $\vec{r}_i$ and the origin point $\vec{o}_i$ for each pixel are independent. This complicates the evaluation of derivatives such as $\partial \vec{r}/\partial \overline{\pi}$ that are needed e.g. in the studies of the object motion.

3 Smooth generic camera calibration (sGCC)

The model proposed in this report aims to find a "golden mean" between the PCM and the GCC. We sacrifice the ability of the GCC to represent non-continuous imaging geometries in order to obtain the efficient differentiable mappings P_{direct} and P_{inverse} with the a priori known smoothness properties. Some advanced extensions of the PCM may also reach a comparable level of flexibility (consider, e.g. the two-plane distortion model of [4]); however, the parameters of such model typically represent the corrections to some global pinhole model and do not allow a clear interpretation available in the sGCC; any regularization condition imposed on such parameters may theoretically introduce a distributed systematic error.[1]

The basic idea of sGCC is to find P_{inverse} directly as a smooth parametrized free-form function of $\overline{\pi}$. In the spirit of the finite element method (FEM), we find this mapping as a linear combination of some smooth kernel functions $\phi_j(\overline{\pi})$:

$$P_{\text{inverse}}^{\text{sGCC}} : \overline{\pi} \mapsto \left\{ \vec{o} = \sum_{j=1}^{N} \vec{c}_j^{\,o}\, \phi_j(\overline{\pi}), \quad \vec{r} = \sum_{j=1}^{N} \vec{c}_j^{\,r}\, \phi_j(\overline{\pi}) \right\}. \tag{2}$$

The physical reason to use a smooth parametrization is that the imaging with typical cameras and lenses is locally homogeneous and smooth to a high degree; we exploit and control this smoothness by the choice of the basis functions ϕ_j. Taking e.g. the uniform cubic B-splines on a mesh as kernels, one guarantees finite (and analytically known) derivatives of $P_{\text{inverse}}^{\text{sGCC}}$ through the second order, while the mesh size explicitly encodes and controls the "homogeneity" correlation length expected for the sensor.

In order to find the coefficients $\vec{c}_j^{\,o}$ and $\vec{c}_j^{\,r}$, we need to solve a non-linear optimization problem with some global error metric. We assume that for any sensor position $\overline{\pi}$ the recorded calibration data allow us to determine the corresponding 3D point $\vec{h}(\overline{\pi})$ on the screen. Further, the (a priori known) uncertainty in the pixel values can be translated [3] into the uncertainty in $\vec{h}$ characterized by the covariance matrix $\Sigma(\overline{\pi})$. The re-projection error for a single ray can therefore be defined and explicitly solved as follows (for clarity, we suppress the argument $\overline{\pi}$ in all functions):

$$\delta = \min_{\alpha \in \mathcal{R}} \left(\vec{o} + \alpha \vec{r} - \vec{h} \right)^T \cdot \Sigma^{-1} \cdot \left(\vec{o} + \alpha \vec{r} - \vec{h} \right) = \vec{f}^{\,T} \cdot \vec{f}, \quad \text{where} \tag{3}$$

$$\vec{f} = \vec{o}\,' - \vec{r}\,' \frac{\left(\vec{o}\,'^T \cdot \vec{r}\,' \right)}{\left(\vec{r}\,'^T \cdot \vec{r}\,' \right)}, \quad \vec{o}\,' = \Lambda \cdot \left(\vec{o} - \vec{h} \right), \quad \vec{r}\,' = \Lambda \cdot \vec{r}, \quad \text{and} \quad \Lambda^T \cdot \Lambda = \Sigma.$$

The straightforward way to define the global discrepancy metric would be to integrate $\delta(\overline{\pi})$ over the sensor. However, in order to facilitate an efficient FEM-based solution,

---

1 In the future we plan to perform a detailed comparison between the advanced "PCM-based" models and the sGCC, which is non-trvial due to the lack of open reference implementations.

we formulate the global metric Δ in a weak form:

$$\Delta = \sum_{k=1}^{M} \left(\vec{f}_k^{\,T} \cdot \vec{f}_k \right), \quad \vec{f}_k = \int \vec{f}(\overline{\pi})\, \psi_k(\overline{\pi})\, d\overline{\pi} \tag{4}$$

with $\vec{f}(\overline{\pi})$ defined in Eq. 3 and $\psi_k(\overline{\pi})$ being some smooth probe functions. The latter may (but are not required to) be the same as the kernels ϕ_i of Eq. 2. Finally, the calibration is performed by minimizing Δ:

$$\vec{C}^{\,*} = \mathrm{argmin}_{\vec{C}}\,\{\Delta\} \ \ \text{with}\ \ \vec{C} = \left(\vec{c}_1^{\,o\,T}, ..., \vec{c}_N^{\,o\,T}, \vec{c}_1^{\,r\,T}, ..., \vec{c}_N^{\,r\,T}, \vec{\theta}_1^{\,T}, ..., \vec{\theta}_P^{\,T} \right)^T, \tag{5}$$

where $\vec{\theta}_l$ denote the extrinsic parameters for each calibration camera position l and $\vec{C}$ is the concatenation of all intrinsic and extrinsic parameters.

Regularization

The non-linear problem Eq. 5 allows multiple solutions due to the above mentioned ambiguities in the model definition. The freedom in the choice of the view ray scaling and origin can be fixed in many ways. In case of a regular narrow-angle camera we may require $o_z = 0$ and $r_z = 1$ in all points $\overline{\pi} = (u, v)^T$ (cf. two-plane model [4]). The unique specification of the camera's coordinate frame can e.g. be defined in the point $\overline{\pi}_0 = (0, 0)^T$ as follows: $\vec{o}(\overline{\pi}_0) = (0, 0, 0)^T$, $\vec{r}(\overline{\pi}_0) = (0, 0, 1)^T$, $(\partial r_y / \partial u)(\overline{\pi}_0) = 0$, $(\partial o_x / \partial u)(\overline{\pi}_0) = 0$. This fixes all the degrees of freedom of the camera in its own frame with respect to a small ray bundle near the central pixel $\overline{\pi}_0$.

Due to the linearity of $\vec{o}$ and $\vec{r}$ with respect to the coefficients $\vec{c}_i^{\,o}$ and $\vec{c}_i^{\,r}$, these constraints can be succintly represented in the matrix form as $A \cdot \vec{C} = \vec{b}$ with some matrix A and vector $\vec{b}$. We thus recognize Eq. 5 as a linearly constrained non-linear least squares problem which can be efficiently solved by iterative methods (see, e.g. [6]). Since all the components in Eq. 4 are known analytically, one can easily find the matrix of derivatives $\partial \vec{f}_k / \partial \vec{C}$ which is crucial for the efficiency of the optimization.

One advantage of the sGCC is the transparent accounting for the errors at all stages. The numerical optimization typically returns the covariance matrix of the optimization error near the found optimum; this allows one to estimate the uncertainties of the calibration parameters and analyze their contribution to the global error budget.

Calibration procedure

The sGCC calibration steps are similar to the other advanced calibration methods. First, one calibrates the camera with some simpler method (e.g. with the Zhang model), and translates the found parameters to the starting point $\vec{C}_0$. Second, one runs iterative optimization starting from this point and finds the best estimate $\vec{C}^{\,*}$.

Local PCM approximation

The parameterization Eq. 2 does not require that the view rays in the vicinity of some point $\bar{\pi}$ cross at a single point (or cross at all). Denoting the origin and the direction of the view ray R associated with this point as $\vec{o}$ and $\vec{r}$, we may describe some other ray R' in the vicinity of R with $\vec{o}' = \vec{o} + (\partial\vec{o}/\partial u)(\bar{\pi})\delta u + (\partial\vec{o}/\partial v)(\bar{\pi})\delta v$ and a similar expression for $\vec{r}'$, where δu and δv denote a small deviation in $\bar{\pi}$.

The position of the point $\vec{w}$ on ray R' that is the nearest to the ray R can be easily found in closed form and can be formally represented as $\vec{w} = (\vec{b}_1\alpha^2 + \vec{b}_2\alpha + \vec{b}_3)/(d_4\alpha^2 + d_5\alpha + d_6)$ where coefficients $\vec{b}_i$ and d_j depend on the coordinates and derivatives of $\vec{o}$ and $\vec{r}$ at $\bar{\pi}$, and $\alpha = \delta u/\delta v$ may take any value in $\mathcal{R}$. The extreme values of the components of $\vec{w}$ can also be found explicitly (in "non-pathological" cases); the central point of $\vec{w}$ for different values of α may be interpreted as the "best matching" projection center for the local PCM approximation. Therefore, at each point $\bar{\pi}$ one may analytically find the parameters of the local PCM and evaluate its "quality" as the spread in $\vec{w}$ associated with different values of α. The respective formulas are bulky but straightforward to code in any programming language.

Rendering camera images

The lack of an efficient imaging algorithm for the GCC model is one of its major drawbacks; one cannot easily render an image of a scene in order to visually evaluate the calibration quality or compare with the real images.

In sGCC, the explicit local PCM approximation given above allows one to develop an efficient direct model $P_{\text{direct}}^{\text{sGCC}}$. Given some point $\vec{p}$ in the 3D space and some starting sensor position $\bar{\pi}^{(0)}$ (e.g., the central pixel $\bar{\pi}_0$), one projects $\vec{p}$ using the local PCM approximation at $\bar{\pi}$. This step delivers the next value $\bar{\pi}^{(1)}$, and the iterations continue until the re-projection discrepancy falls below the threshold. For the typical cameras, we expect the algorithm to converge in a few iterations. At the moment we are developing an sGCC-based plug-in for the Mitsuba renderer [10].

4 Numerical experiments

Our prototype implementation of the sGCC algorithm is based on the 2D uniform cubic B-splines defined on a uniform 3x3 rectangular mesh in $\bar{\pi}$-space, serving as both ψ- and ϕ-kernels. Since the sGCC model for the common rendering software is not yet available, we bypass the synthetic image rendering and decoding and directly simulate the calibration data (decoded screen positions) subject to the un-correlated Gaussian noise (of order 10^{-3} units) according to the screen uncertainty model. Four distinct camera positions have been simulated (Fig. 1). The ground truth functions $\vec{o}(\bar{\pi})$

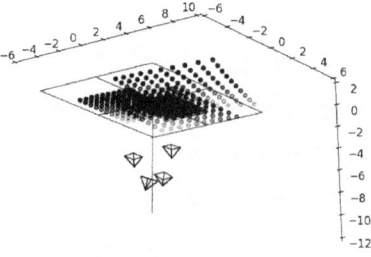

Fig. 1. Camera poses and decoded points

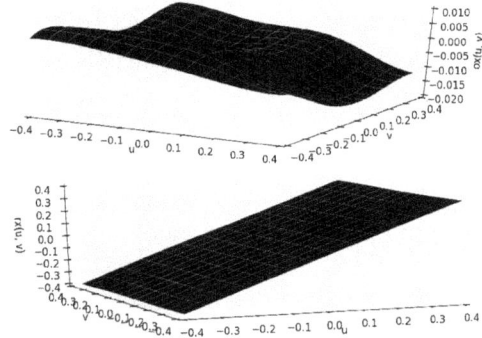

Fig. 2. Calibration functions $o_x(\vec{\pi})$ and $r_x(\vec{\pi})$

and $\vec{r}(\vec{\pi})$ are some arbitrary smooth functions satisfying the regularization conditions (Fig. 2), they are equivalent to those of an ideal pinhole camera with a distortion of order 10^{-2} units.

These choices determine the number of components in $\vec{C}$ to be 240. After accounting for the regularization constraints, 162 independent degrees of freedom are left, and the non-linear least squares problem is solved in a 432-dimensional space. The numerical optimization is performed using the `levmar` library [5] and required about five minutes running on a single CPU core. As the starting point, we use the best fitting PCM model.

The results are as follows. The global re-projection error Δ after the optimization is about 10 times smaller than that for the ground truth functions, the error in the camera poses is about 10^{-3} units, and the reduction in the error metric from the initial value during the optimization is about 12 orders of magnitude (!). The final error in the calibration functions o_x and o_y is everywhere below 10^{-3} units, and that in r_x and r_y is below 10^{-4} units. We believe that the residual errors in the camera poses and the view ray origin functions are correlated and a better choice of the regularization condition may further reduce this discrepancy. (In other words, the residual error has no significant physical effect on the imaging geometry.)

5 Accounting for the finite sharpness

The sGCC calibration utilizes exactly the same input data as the GCC. However, we may extract more information from the observed pixel values. As mentioned above, the phase decoding provides us with the anisotropic error in the screen positions. Further, the dependence of the observed decoding contrast on the coding pattern frequency can be used to estimate the blurring kernel size on the coding screen corresponding to each pixel; this opens an opportunity to supplement the local PCM approximation with the effective parameters (focal distance, position, and the aperture size) of a "thin lens" model for each pixel.

More accurately, let the displayed pattern on the screen is described by a cosine function with period L: $I(x, y) = A + B \cos(\frac{2\pi x}{L})$. Blurring this pattern with a Gaussian kernel of size W is equivalent to its convolution with the function $b(x) = \exp(-\frac{x^2}{2W^2})/\sqrt{2\pi W^2}$. The observed intensity is then $I_b(x, y) = A + B \cos(\frac{2\pi x}{L}) \exp(-\frac{2\pi^2 W^2}{L^2})$ which is equivalent to changing the pattern contrast. The original contrast B is unknown during the decoding; however, if multiple pattern frequences are used, then the kernel size W can be fitted to the observed relative constrast changes. This can be done separately for the x- and y-directions on the screen in order to enable the anisotropic blurring. The details and the experimental results of using this technique will be presented later.

6 Summary

In this report we present the smooth generic camera calibration concept as a novel universal approach to camera calibration suitable for the precision simulation and computer vision applications. We provide the necessary theoretical background and the initial experimental results. We also outline an efficient algorithm for rendering images with a calibrated camera, and present a way to account for the blurring.

In the future we plan to study the accuracy and the robustness of the sGCC in a complete simulation loop involving the image rendering and the realistic noise, and provide the detailed comparison of the sGCC with the existing methods.

Bibliography

[1] G. Bradski. The OpenCV library. *Dr. Dobb's Journal of Software Tools*, 2000.
[2] European Machine Vision Association. EMVA Standard 1288 – Standard for Characterization of Image Sensors and Cameras. Release 3.0, November 29, 2010.
[3] M. Fischer, M. Petz, and R. Tutsch. Vorhersage des Phasenrauschens in optischen Messsystemen mit strukturierter Beleuchtung. *Technisches Messen*, 79:451–458, 2012.
[4] T. Hanning. *High Precision Camera Calibration*. Vieweg+Teubner Verlag, 2011.
[5] M. I. A. Lourakis. levmar: Levenberg-marquardt nonlinear least squares algorithms in C/C++. [web page] http://www.ics.forth.gr/~lourakis/levmar/, 2004.
[6] J. Nocedal and S. J. Wright. *Numerical optimization*. Springer, 1999.
[7] S. Ramalingam, P. Sturm, and S. K. Lodha. Theory and experiments towards complete generic calibration. Technical Report 5562, INRIA, 2005.
[8] T. Reh, W. Li, J. Burke, and R. B. Bergmann. Improving the Generic Camera Calibration technique by an extended model of calibration display. *J. Europ. Opt. Soc. Rap. Public.*, 9:14044, 2014.

[9]   P. Sturm and S. Ramalingam. A generic calibration concept - theory and algorithms. Research Report 5058, INRIA, 2003.

[10] J. Wenzel. Mitsuba renderer. [web page] http://www.mitsuba-renderer.org, 2010.

[11] Z. Zhang. A flexible new technique for camera calibration. *IEEE Trans. Pattern Anal. Machine Intell.*, 22:1330–1334, 2000.

Sebastian Bauer, Patrick Mackens und Fernando Puente León

Entrauschungsalgorithmus für Hyperspektralbilder mit Poisson-Statistik

Zusammenfassung: Ein neuer Algorithmus zur Entrauschung von Hyperspektralbildern wird präsentiert. Der Algorithmus wird ausgehend vom Signal- und Rauschmodell einer *Electron-multiplying*-CCD-Kamera (EMCCD-Kamera) entwickelt und abschließend mit realen Bildern evaluiert. Er bezieht die in einem Hyperspektralbild enthaltene räumliche und spektrale Information gleichzeitig ein und erzielt damit bessere Ergebnisse als nur bei räumlicher Entrauschung von Bildern einzelner Spektralkanäle.

Schlagwörter: Hyperspektrale Bildgebung, Bildverarbeitung, Bildentrauschung, Fluoreszenz

1 Einleitung

Hyperspektrale Bilder sind Bilder, die pro Pixel ein komplettes Spektrum mit bis zu mehreren hundert spektralen Abtastwerten enthalten. Die hyperspektrale Bildgebung wird wegen der hohen Anzahl an aufgezeichneten Spektralwerten auch bildgebende Spektroskopie genannt. Aufgrund seiner dreidimensionalen Struktur mit zwei räumlichen und einer spektralen Dimension wird ein Hyperspektralbild auch als Datenwürfel bezeichnet. Je nach Aufnahmebedingungen enthalten diese Bilder einen mehr oder weniger großen Rauschanteil. Im Fall geringer Signalintensität liegt ein niedriges Signal-Rausch-Verhältnis vor, wodurch die Weiterverarbeitung der Bilder mit Unsicherheiten und Fehlern behaftet ist. Möglichkeiten zur Weiterverarbeitung stellen beispielsweise die spektrale Entmischung, Englisch *spectral unmixing*, oder die Klassifikation dar. Die Notwendigkeit von spektraler Entmischung ergibt sich aus der Tatsache, dass die gemessenen Pixelspektren infolge von niedriger räumlicher Auflösung (vor allem im Bereich der Fernerkundung), mikroskopischer Mischung von Materialien und makroskopischer Mehrfachstreuung nur selten Reinspektren von Stoffen darstellen, sondern meist Mischspektren verschiedener Stoffe [6]. Die Klassifikation hyperspektraler Daten beschäftigt sich mit der Zuordnung von Pixelspektren zu Materialklassen [10; 19].

Hyperspektrale Bildgebung und -verarbeitung besitzen ihren Ursprung in der Fernerkundung [2; 11], breiten sich jedoch aufgrund von günstigeren Preisen für Hyperspektralkameras sowie leistungsfähiger Algorithmik im wissenschaftlichen und industriellen Bereich schnell aus und sind momentan Gegenstand einer Vielzahl von

Sebastian Bauer, Patrick Mackens, Fernando Puente León: Institut für Industrielle Informationstechnik, Karlsruher Institut für Technologie, mail: sebastian.bauer@kit.edu

DOI: 10.1515/9783110408539-012

Forschungsarbeiten. Beispielhafte Anwendungsgebiete sind Pharmazie [16], industrielle Sortierung [5; 17] sowie die Beurteilung von Lebensmitteln [18].

Um wie angesprochen das Rauschen zu entfernen, müssen adäquate Entrauschungsalgorithmen zum Einsatz kommen. Im Falle von hyperspektralen Bildern ist ein mögliches Vorgehen, das zweidimensionale Bild jeder einzelnen Wellenlänge separat zu entrauschen, ohne räumliche Inhomogenitäten zu berücksichtigen. In [3] werden beispielsweise die Kanäle durch Berechnung eines einzigen Korrelationswerts pro Kanal spektral dekorreliert und danach jedes zweidimensionale Bild eines Kanals separat entrauscht. Eine andere Vorgehensweise ist es, lediglich die Pixelspektren ohne Einbezug von räumlicher Information einzeln zu entrauschen. Es ist jedoch auch möglich, die Information von spektralen Nachbarbildern mit einzubeziehen und somit die räumliche und die spektrale Information gleichzeitig zu nutzen. Da die Signalintensität sowohl räumlich als auch spektral variiert, scheint dieser Ansatz erfolgsversprechend zu sein. Erste Forschungsergebnisse unterstützen diese Annahme [1; 13], in der Literatur existieren bisher allerdings nur wenige Verfahren zur simultanen räumlichen und spektralen Entrauschung hyperspektraler Bilder [12].

Während für die Filterung von Einzelbildern leistungsfähige Algorithmen wie der BM3D-Algorithmus (Englisch *block matching and 3D filtering*) [7] existieren, lassen diese natürlicherweise die spektrale Information außen vor. Es stellt sich also die Frage, inwiefern die in hyperspektralen Bildern enthaltene Information so aufbereitet werden kann, dass zweidimensionale Bilder entstehen, die von den Einzelbild-Algorithmen gefiltert werden können. Nach Filterung aller durch Kombination der Spektralkanäle entstandenen Einzelbilder und entsprechender Rücktransformation entsteht auf diese Weise ein Hyperspektralbild, das unter Zuhilfenahme von räumlicher und spektraler Information entrauscht wurde.

Im vorliegenden Beitrag wird ein solches Verfahren erläutert. Als Einzelbild-Entrauschungsalgorithmus kommt der oben erwähnte BM3D-Algorithmus zum Einsatz. Die Evaluation des neu entwickelten hyperspektralen Entrauschungsalgorithmus erfolgt anhand von Hyperspektralbildern, die mit einer EMCCD-Kamera aufgezeichnet wurden. Die verwendete Messmethode wurde bereits in [14; 15] vorgestellt. Die Verteilung der Bildwerte einer EMCCD-Kamera lässt sich in sehr guter Näherung mit einer Poisson-Verteilung beschreiben. Die Anwendung des neu entwickelten Verfahrens auf die aufgezeichneten Bilder erzielt eine signifikante Verbesserung des Signal-Rausch-Verhältnisses.

2 Grundlagen

Der in einer EMCCD-Kamera verbaute EMCCD-Sensor stellt eine Erweiterung des herkömmlichen „*Charge-coupled device* (CCD)"-Sensors dar [4]. Zwischen dem Schieberegister des Bildsensors und der Ausleseelektronik befindet sich ein Multiplikationsregister, das die von den Pixeln bereitgestellten Photoelektronen elektrisch vervielfacht. Der EMCCD-Sensor kann vereinfachend als ein zweidimensionales Array von Photomultipliern bezeichnet werden; im entsprechenden Betriebsmodus können bis zu einzelnen Photonen registriert werden. Die Wahrscheinlichkeitsdichte $f(n_{ic})$ für das Auftreten eines Pixel-Bildwerts von n_{ic} lässt sich nach [8] zu

$$f(n_{ic}) = \frac{1}{\sqrt{2\pi}\sigma} \exp\left(-\lambda - \frac{(an_{ic})^2}{2\sigma^2}\right) + \frac{2}{g}f_\chi(2\lambda; 4; 2an_{ic}/g), \ n_{ic} > 0, \qquad (1)$$

bestimmen. Wir betrachten hier aus Platzgründen nur den Fall $n_{ic} > 0$; es sei angemerkt, dass aufgrund der Rausch- und Verstärkungscharakteristik bei niedrigen Signalintensitäten auch negative Bildwerte auftreten können.

In Gleichung (1) beschreibt a den A/D-Faktor der Ausleseelektronik. Dieser bestimmt, wie viele Elektronen im Kondensator vorhanden sein müssen, um einen Bildwert von 1 zu erhalten. Das Ausleserauschen, das durch den linken Term definiert wird, wird mit einer Normalverteilung mit Standardabweichung σ modelliert. g steht für den Verstärkungsfaktor des Multiplikationsregisters, während f_χ die Wahrscheinlichkeitsdichte der nichtzentralen Chi-Quadrat-Verteilung bezeichnet. λ steht für die Elektronenanzahl vor dem Multiplikationsregister:

$$\lambda = i \cdot q + D \cdot t + CIC. \qquad (2)$$

Diese setzt sich zusammen aus der Anzahl $i \cdot q$ der Photoelektronen (Produkt aus Lichtintensität i und Quanteneffizienz q, also des Anteils von Photonen, der Photoelektronen erzeugt), der Anzahl $D \cdot t$ der Elektronen, die aus dem Dunkelstrom D während der Belichtungszeit t entstehen sowie dem *Clock induced Charge* (CIC), also dem Rauschanteil, der während der Verschiebung der Photoelektronen in der Pixelanordnung sowie im Auslese- und im Multiplikationsregister hinzukommt.

Die verwendete Andor iXon$_3$ 897 EMCCD-Kamera mit 512×512 Pixeln besitzt für die vorliegenden Bilder die Werte $g = 300$ und $a = 17,28$ (Elektronen pro Bildwert).

3 Entrauschungsalgorithmus

Das zu entrauschende Hyperspektralbild sei mit $\mathbf{g}_{mn}$ bezeichnet, wobei m und n für die beiden Ortskoordinaten stehen. Es besteht aus K zweidimensionalen Teilbildern $g_{k,mn} \in \mathbb{R}^{N \times M}$ ($1 \le k \le K$), wobei K der Anzahl der betrachteten Wellenlängen entspricht und M und N für die Gesamtanzahl der Pixel in m- und n-Richtung stehen. Ohne Beschränkung der Allgemeinheit sei $g_{k,mn}$ das zu entrauschende zweidimensionale Teilbild des Hyperspektralbilds $\mathbf{g}_{mn}$. Die Entrauschung soll unter Verwendung eines weiteren Bildes $g_{k+1,mn}$ erfolgen. Die Bildpunkte g_{k,m_0n_0} und g_{k+1,m_0n_0} des aufgezeichneten Hyperspektralbilds $\mathbf{g}_{mn}$ an festen Positionen m_0 und n_0 stellen Realisierungen der Poisson-verteilten Zufallsvariablen $\tilde{g}_{k,m_0n_0}$ und $\tilde{g}_{k+1,m_0n_0}$ mit den Mittelwerten $\lambda_{k,m_0 n_0}$ und $\lambda_{k+1,m_0 n_0}$ dar. Für die Poisson-Verteilung gilt, dass die Varianz dem Mittelwert entspricht.

Ziel ist es nun, einen Schätzer für den Erwartungswert $\lambda_{k,m_0 n_0}$ zu bestimmen. Der Ansatz dazu lautet

$$\widehat{\lambda}_{k,m_0 n_0} = \frac{g_{k,m_0 n_0} + \alpha_{k+1,m_0 n_0}\beta_{k+1,m_0 n_0} g_{k+1,m_0 n_0}}{1 + \alpha_{k+1,m_0 n_0}} \tag{3}$$

mit den ortsabhängigen positiven Konstanten $\alpha_{k+1,mn}$ und $\beta_{k+1,mn}$ an der Stelle $m = m_0$, $n = n_0$. Aus der Bedingung, dass der Schätzer erwartungstreu sein soll,

$$E(\widehat{\lambda}_{k,m_0 n_0}) = \frac{\lambda_{k,m_0 n_0} + \alpha_{k+1,m_0 n_0}\beta_{k+1,m_0 n_0}\lambda_{k+1,m_0 n_0}}{1 + \alpha_{k+1,m_0 n_0}} \overset{!}{=} \lambda_{k,m_0 n_0}, \tag{4}$$

folgt unmittelbar

$$\beta_{k+1,m_0 n_0} = \frac{\lambda_{k,m_0 n_0}}{\lambda_{k+1,m_0 n_0}}. \tag{5}$$

Aus der Forderung nach Erwartungstreue und der Minimierung des mittleren quadratischen Schätzfehlers ergibt sich der Schätzer schließlich zu

$$\widehat{\lambda}_{k,m_0 n_0} = \frac{g_{k,m_0 n_0} + g_{k+1,m_0 n_0}}{1 + \frac{\lambda_{k+1,m_0 n_0}}{\lambda_{k,m_0 n_0}}}. \tag{6}$$

Da das Verhältnis $\frac{\lambda_{k+1,m_0 n_0}}{\lambda_{k,m_0 n_0}}$ unbekannt ist und eigentlich vom Schätzer bestimmt werden soll, muss es auf andere Weise ermittelt werden. Es bietet sich an, das Verhältnis durch den Einbezug von Nachbarpixeln zu bestimmen. Eine einfache Möglichkeit hierzu ist die Faltung der Bilder $g_{k,mn}$ und $g_{k+1,mn}$ mit einem zweidimensionalen Gauß-Filter. Dazu wird die zweidimensionale Gauß-Funktion abgetastet. Um die Approximationsverluste infolge der örtlichen Begrenzung gering zu halten, wird die Größe der diskreten Impulsantwort so gewählt, dass sie der um eins inkrementierten vierfachen Standardabweichung der Gauß-Funktion entspricht. Diese Standardabweichung der Gauß-Funktion stellt einen skalaren Parameter des Verfahrens dar. Anschließend wird das Verhältnis der beiden Gauß-gefilterten Bilder pixelweise gebildet und somit $\frac{\lambda_{k+1,m_0 n_0}}{\lambda_{k,m_0 n_0}}$ ermittelt.

Nach der Schätzung werden sämtliche Bildwerte $g_{k,mn}$ durch die Schätzwerte $\widehat{\lambda}_{k,mn}$ ersetzt. Anschließend wird das Bild Anscombe-transformiert [9], wobei die Anscombe-Transformation die Statistik der Poisson-verteilten Zufallsvariable in eine näherungsweise normalverteilte Statistik umwandelt. Mittels des leistungsfähigen BM3D-Entrauschungsalgorithmus wird das Bild entrauscht und die Anscombe-Transformation rückgängig gemacht [9]. Das so erhaltene Bild stellt eine entrauschte Version von $g_{k,mn}$ dar.

Dieses Vorgehen kann auf den Einbezug nicht nur des Nachbarbilds $g_{k+1,mn}$, sondern beliebig vieler weiterer Nachbarbilder erweitert werden.

4 Evaluation

Zur Evaluation des Entrauschungsalgorithmus werden hyperspektrale Fluoreszenzbilder von realen Szenen gewonnen. Zum Anregen von Fluoreszenzerscheinungen werden die verwendeten Mineralproben mit UV-Licht verschiedener Wellenlängen (280−420 nm in Schritten von je 20 nm) bestrahlt und die Fluoreszenzantwort im sichtbaren Lichtwellenlängenbereich von 450 nm−790 nm in Schritten von 4 nm aufgezeichnet, sodass Einzelbilder bei insgesamt 86 verschiedenen Wellenlängen vorliegen. Im Folgenden werden zwei Bilder verwendet; es handelt sich um zwei verschiedene Szenen von unterschiedlichen Mineralproben. Das eine Bild, im Folgenden Bild 1 genannt, wurde bei einer Anregungswellenlänge von 360 nm und einer Emissionswellenlänge von 550 nm aufgenommen, während Bild 2 bei 400 nm Anregungswellenlänge und 602 nm Emissionswellenlänge aufgezeichnet wurde. Für beide Bilder wurde jeweils eine zu entrauschende Aufnahme sowie 500 weitere Aufnahmen gemacht. Die weiteren Aufnahmen wurden pixelweise gemittelt, wodurch das mittelwertfreie Rauschen nahezu entfernt wird. Diese Bilder werden als „Ground Truth" zur Evaluation der Verfahren herangezogen.

Für den Algorithmus sind die Werte zweier Parameter zu bestimmen: Einmal die Breite des Gauß-Filters nach Kapitel 3 und zum anderen die Anzahl der Bilder bei benachbarten Wellenlängen, die ebenfalls in die Entrauschung einbezogen werden. Abbildung 1 zeigt für Bild 1 und Bild 2 in Abhängigkeit der beiden Parameter jeweils das erreichte Signal-Rausch-Verhältnis (SNR) in dB. Für Bild 1 wird das optimale Ergebnis (SNR 31,32 dB) bei einer Standardabweichung von 19 und Einbezug von jeweils 11 Nachbarbildern in Richtung niedrigerer und höherer Wellenlängen erreicht. Für Bild 2 beträgt die Standardabweichung 18 und es werden jeweils 12 Nachbarbilder einbezogen (optimales SNR 28,72 dB). Es wird deutlich, dass das Entrauschungsergebnis bei beiden Bildern sehr robust gegenüber Parameteränderungen ist und mit gleichen Parametern für beide Bilder Ergebnisse nahe des jeweiligen Optimums erzielt werden können. Tabelle 1 zeigt für die verschiedenen Bilder das SNR des ungefilterten, des mit dem BM3D-Algorithmus entrauschten Einzelbilds sowie das mit dem neuen Algorithmus mit Kombinationen von Nachbarbändern entrauschten Bilds. Es ist zu erkennen, dass der Einbezug von Nachbarbändern einen Gewinn von 5−6 dB bringt, die Rauschleistung also im Vergleich zur Einzelbildentrauschung nochmals um einen Faktor von ungefähr 3−4 verringert wird.

Abbildung 2 zeigt die Entrauschung eines Ausschnitts von Bild 1. Es sei hierbei angemerkt, dass von der Mineralprobe im Schnitt pro Pixel lediglich ungefähr 5 (!) Photonen erfasst wurden.

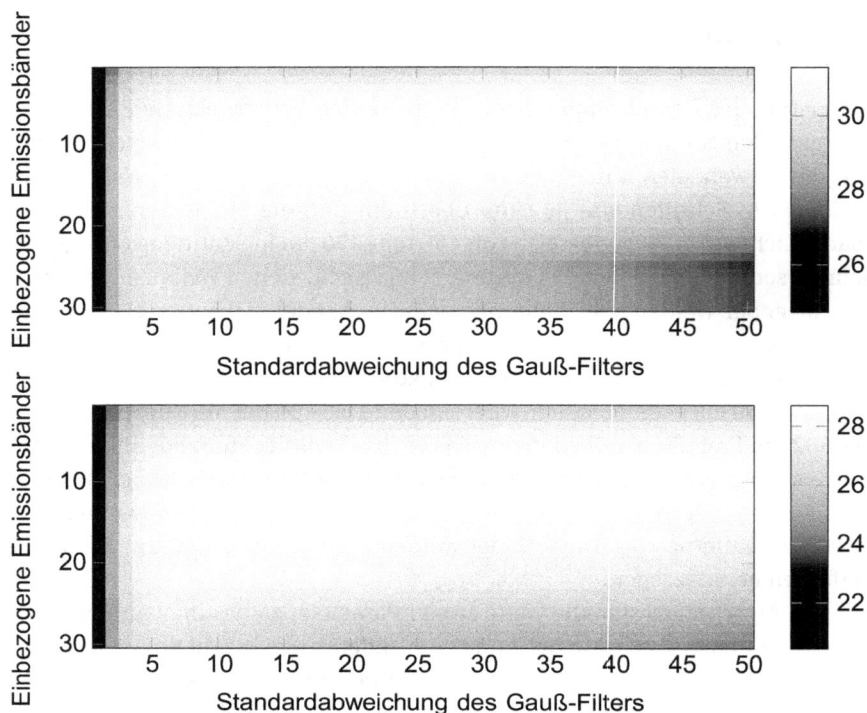

Abb. 1. SNR-Werte der beiden entrauschten Bilder in Abhängigkeit von der Standardabweichung des Gauß-Filters und der Anzahl der einbezogenen Nachbarbänder, wobei die angegebene Anzahl sowohl zu niedrigeren als auch zu höheren Wellenlängen verwendet wurde. Oben ist das Bild bei 360 nm Anregung und 550 nm Emissionswellenlänge gezeigt, unten betrug die Anregungswellenlänge 400 nm und die Emissionswellenlänge 602 nm. Die Grauwerte codieren das SNR in dB.

5 Zusammenfassung

Basierend auf dem Signal- und Rauschmodell von EMCCD-Kameras wurde ein leistungsfähiger Algorithmus zur Entrauschung von Hyperspektralbildern vorgestellt. Dieser beinhaltet die Anwendung von zweidimensionalen Entrauschungsfiltern, die auf geschickt kombinierte Einzelbilder des Hyperspektralbilds angewendet werden. Er erzielt damit deutlich bessere Ergebnisse, als wenn die Filter nur auf einzelne Bilder angewendet würden. Als zweidimensionales Entrauschungsfilter wird das BM3D-Filter verwendet, das im Augenblick eines der effektivsten Entrauschungsfilter darstellt. Andere Filter sind natürlich ebenfalls möglich. Die entrauschten Bilder werden in Zukunft für die Klassifikation der Mineralproben sowie für die spektrale Entmischung von Hyperspektralbildern verwendet.

Tab. 1. Erzieltes SNR bei Entrauschung des Einzelbilds sowie kombiniert mit Nachbarbändern.

Bildnummer	SNR Originalbild	SNR einzeln	SNR kombiniert
Bild 1	14,70 dB	26,35 dB	31,32 dB
Bild 2	10,08 dB	22,62 dB	28,72 dB

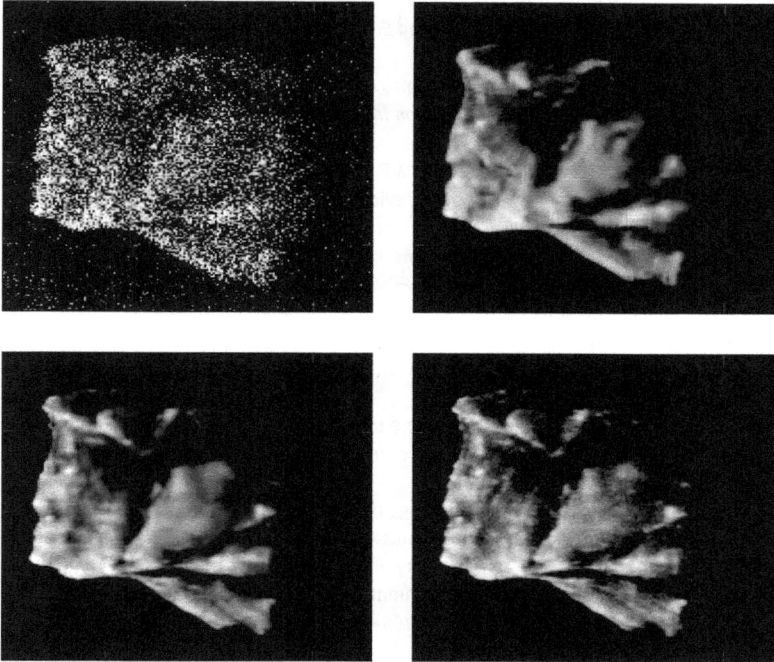

Abb. 2. Entrauschungsergebnisse anhand eines Ausschnitts von Bild 1. Das linke obere Bild zeigt das aufgenommene Originalbild, das rechte obere Bild das mit dem BM3D-Algorithmus entrauschte Einzelbild. In der unteren Reihe ist links das mit dem vorgestellten Algorithmus unter Einbezug von je 11 Nachbarbändern mit längerer und kürzerer Wellenlänge entrauschte Bild zu sehen, während das rechte Bild das Groundtruth-Bild zeigt. Die Unterschiede zwischen Einzelbildentrauschung und Entrauschung mit Nachbarbildern sind zwar lediglich in den Details zu erkennen, allerdings beträgt der Gewinn wie in Tabelle 1 angegeben ungefähr 5 dB.

Literatur

[1]   D. Otero, O. V. Michailovich und E.R. Vrscay. An examination of several methods of hyperspectral image denoising: Over channels, spectral functions and both domains. In *Image Analysis and Recognition*, 131–140. Springer, 2014.

[2]   Alexander F. H. Goetz. Three decades of hyperspectral remote sensing of the earth: A personal view. *Remote Sensing of Environment*, 113:S5–S16, 2009.

[3]   I. Atkinson, F. Kamalabadi und D. L. Jones. Wavelet-based hyperspectral image estimation. In *IEEE International Geoscience and Remote Sensing Symposium*, volume 2, 743–745, 2003.

[4]   J. Beyerer, F. Puente León und C. Frese. *Automatische Sichtprüfung: Grundlagen, Methoden und Praxis der Bildgewinnung und Bildauswertung*. Springer Berlin Heidelberg, 2012.

[5]   J. H. Wilson und R.N. Greenberger. Utility of hyperspectral imagers in the mining industry: Italy's gypsum reserves. In *SPIE Sensing Technology+Applications*, 91040E01–91040E10. International Society for Optics and Photonics, 2014.

[6]   J. M. Bioucas-Dias, A. Plaza, N. Dobigeon, M. Parente, D. Qian, P. Gader und J. Chanussot. Hyperspectral unmixing overview: Geometrical, statistical, and sparse regression-based approaches. *IEEE Journal of Selected Topics in Applied Earth Observations and Remote Sensing*, 5(2):354–379, 2012.

[7]   K. Dabov, A. Foi, V. Katkovnik und K. Egiazarian. Image denoising by sparse 3-D transform-domain collaborative filtering. *IEEE Transactions on Image Processing*, 16(8):2080–2095, 2007.

[8]   M. Hirsch, R. J. Wareham, M. L. Martin-Fernandez, M.P. Hobson und D. J. Rolfe. A stochastic model for electron multiplication charge-coupled devices–from theory to practice. *PloS one*, 8(1):e53671, 2013.

[9]   M. Makitalo und A. Foi. Optimal inversion of the Anscombe transformation in low-count Poisson image denoising. *IEEE Transactions on Image Processing*, 20(1):99–109, 2011.

[10]   M. Pal und G. M. Foody. Feature selection for classification of hyperspectral data by SVM. *IEEE Transactions on Geoscience and Remote Sensing*, 48(5):2297–2307, 2010.

[11]   N. Keshava und J. F. Mustard. Spectral unmixing. *IEEE Signal Processing Magazine*, 19(1):44–57, 2002.

[12]   Q. Yuan, L. Zhang und H. Shen. Hyperspectral image denoising employing a spectral–spatial adaptive total variation model. *IEEE Transactions on Geoscience and Remote Sensing*, 50(10):3660–3677, 2012.

[13]   Q. Yuan, L. Zhang und H. Shen. Hyperspectral image denoising with a spatial–spectral view fusion strategy. *IEEE Transactions on Geoscience and Remote Sensing*, 52(5):2314–2325, 2014.

[14]   S. Bauer, D. Mann und F. Puente León. Applicability of hyperspectral fluorescence imaging for mineral sorting. In Jürgen Beyerer, Fernando Puente León, and Thomas Längle, editors, *OCM 2015 - Optical Characterization of Materials*, 205–214, Karlsruhe, 2015. KIT Scientific Publishing.

[15]   S. Bauer und F. Puente León. Gewinnung und Verarbeitung hyperspektraler Fluoreszenzbilder zur optischen Mineralklassifikation. *tm - Technisches Messen*, 82(1):24–33, 2015.

[16]   S. Piqueras, L. Duponchel, R. Tauler und A. De Juan. Resolution and segmentation of hyperspectral biomedical images by multivariate curve resolution-alternating least squares. *Analytica chimica acta*, 705(1):182–192, 2011.

[17]   S. Serranti, A. Gargiulo und G. Bonifazi. Classification of polyolefins from building and construction waste using NIR hyperspectral imaging system. *Resources, Conservation and Recycling*, 61:52–58, 2012.

[18]   D.-W. Sun. *Hyperspectral imaging for food quality analysis and control*. Elsevier, 2010.

[19]   Y. Tarabalka, M. Fauvel, J. Chanussot und J. A. Benediktsson. SVM-and MRF-based method for accurate classification of hyperspectral images. *IEEE Geoscience and Remote Sensing Letters*, 7(4):736–740, 2010.

Anton J. Tremmel, Markus S. Rauscher, Patrik J. Murr, Michael
Schardt und Alexander W. Koch

Reflektometrische hyperspektrale Dünnschichtmessung

Zusammenfassung: Zur flächigen Schichthöhenbestimmung wurde erstmals ein
Messsystem basierend auf einem Hyperspektralimager entwickelt. Eine Vorsatzoptik
mit integriertem Auflichtpfad formt eine Messlinie, deren Reflektion am Messobjekt
auf den Eingangsspalt des Hyperspektralimagers abgebildet wird. Aus den spektralen Daten der Reflektanz wird die Schichthöhe jedes örtlich auflösbaren Pixels des zu
untersuchenden Objekts rekonstruiert. Bewegt sich das Messobjekt linear gleichförmig, ergeben zusammengesetzte Messlinien eine Messfläche.

Schlagwörter: Schichtdickenmessung, Hyperspektral, TFI, Reflektometrie

1 Einleitung

Ein vielversprechendes neues Einsatzgebiet von Dünnschichttechnologien öffnet sich
gerade im Bereich der Polymerelektronik. Vielfältige neue Produkte werden entwickelt [1], da neben dem Aspekt der äußerst wirtschaftlichen Erzeugung durch Printver-
fahren weitere Vorteile wie flexible Trägermaterialien möglich werden. Somit können
äußerst preiswert neue innovative Produkte, wie z. B. gedruckte Schaltkreise oder Dis-
playerzeugnisse, hergestellt werden. Unter diesen Bereich fallen auch Produkte wie
organische Solarzellen, welche ein enormes Potential z. B. auf Textilien oder anderen, nicht ebenen oder flexiblen Untergründen haben.
Damit die Funktionalität dieser Technologien gewährleistet werden kann, ist unter
anderem die Dicke der einzelnen Schichten ausschlaggebend. Die Dicke, also die Geometrie der aufgebrachten Schicht, bestimmt beispielsweise die Leitfähigkeit oder Re-
aktionsfreudigkeit der aufgetragenen chemischen Schicht. Ist die Geometrie dieser
Schicht nicht korrekt, zeigen Bauteile einen Defekt oder ein Verhalten, welches für
eine ordnungsgemäße Funktionsweise nicht brauchbar ist. Deshalb ist eine Überwachung des Printprozesses unumgänglich. Dabei muss die Prozessüberwachung
nichtinvasiv erfolgen, sodass eine optische Überprüfung die erste Wahl ist. Dabei
reicht es nicht aus, nur diskrete Punktmessungen durchzuführen, da nicht detektierte
Fehlstellen zum Versagen des Produktes führen können. Deshalb ist es wünschenswert, über eine Technologie zu verfügen, welche anstatt diskreter Messpunkte ganze
Messflächen auf deren Schichtdickenverhalten bestimmen kann.
Das hier vorgestellte Messsystem soll genau diese Anforderung erfüllen, und eine

---
Anton J. Tremmel, Markus S. Rauscher, Patrik J. Murr, Michael Schardt, Alexander W. Koch: Technische Universität München, Lehrstuhl für Messsystem- und Sensortechnik, mail: a.tremmel@tum.de

DOI: 10.1515/9783110408539-013

Schichtdickenbestimmung auf Messflächen ermöglichen. Dies geschieht mittels eines Hyperspektralimagers (HSI), welcher ein Bestandteil des Systems ist. Ein optischer Vorbau formt eine Messlinie, welche orthogonal zum Messobjekt liegt. Die Reflektionen des Messobjektes werden wiederum durch den Vorbau zu einer Linie geformt und auf den Eingangsschlitz des Hyperspektralimagers fokussiert. Die Funktionalität eines Imagers erlaubt es, zu jeder lateral auflösbaren Position ein Spektrum zu erhalten, was eine Berechnung der Schichtdicke ermöglicht. Somit wird das reflektometrische Messen mit einem Hyperspektralimager für Linien umgesetzt. Bewegt sich der Imager oder das Messobjekt linear gleichförmig in eine Richtung, wie z. B. bei Endlos-Bahndrucken, ist das vollflächige Messen von Schichten gewährleistet.

2 Grundlagen

Im Folgenden werden zum einen die physikalischen Grundlagen für die reflektometrische Messung erläutert. Anschließend wird ein Verfahren zur Reflektanzsimulation vorgestellt. Des Weitern wird kurz auf die Spezifika eines Hyperspektralimagers eingegangen.

2.1 Reflektometrie

Das reflektometrische Messprinzip, welches ein Spezialfall der Ellipsometrie ist, kennt man seit vielen Jahrzehnten [2; 3; 4]. Auf ein Messobjekt einfallendes Licht wird reflektiert. Die dabei auftretende charakteristische spektrale Modulation durch optisch dünne Schichten ermöglicht einen Rückschluss auf die Schichtdicke des bestrahlten Messobjekts [5; 6]. Die physikalische Grundlage liefern die Dispersionsgleichungen für Grenzflächen nach Fresnel. Eine Grenzfläche wird definiert als der diskrete Übergang von einem Medium mit dem Brechungsindex n_l in ein anderes Medium mit dem Brechungsindex n_m. Die vier Wellengleichungen für jeweils reflektierte r und transmittierte t sowie deren parallele $\parallel$ und senkrechte $\perp$ Anteile ergeben den Reflektionsfaktor R, also der Leistung bzw. der Intensität der reflektierten Wellenamplitude:

$$\mathrm{R} = R_{\parallel} = R_{\perp} = \left(\frac{n_m - n_l}{n_m + n_l} \right)^2 . \tag{1}$$

Damit Gleichung 1 gilt, darf das Licht ausschließlich senkrecht auf ein nur schwach absorbierendes Material einfallen.

Die für diese Arbeit besonders relevanten dünnen Schichten befinden sich aber erstens in der Regel auf einem Substrat und sind zweitens auch mehrfach übereinander gelagert. Dies bedeutet, dass die obige Modellierung mit Hilfe der Fresnelschen Gleichungen nicht ausreichend ist. Neben den Reflektionen an der Oberseite der dünnen Schicht r_{01} werden weitere Wellenanteile teilweise an dem Substrat r_{12} oder anderen

Schichten reflektiert. Dieser Vorgang setzt sich unendlich fort, was bei einer Einzelschicht zu dieser Beschreibung führt:

$$r = \frac{r_{01} + r_{12}e^{-j\phi}}{1 + r_{01}r_{12}e^{-j\phi}}. \tag{2}$$

Mit $\phi = \frac{4\pi}{\lambda}d_1\sqrt{n_1^2 - n_2^2}$ ist die Phasenverschiebung reflektierter Wellen berücksichtigt. Die Variable d_1 beschreibt die Höhe der zu messenden Schicht.

2.2 Modellierung und Fitting

Eine Methode, die Schichtdicke aus den Reflektanzdaten zu generieren, ist eine modellbasierte Simulation des Testobjektes. Gleichung 2 beschreibt die Reflektion einer Einzelschicht. Für Mehrschichtstrukturen stellt die Transfermatrixmethode einen geeigneten Formalismus dar [7]. Hierbei werden eine oder mehrere optisch dünne Schichten zu einer Gesamtmatrix modelliert. Diese Gesamtmatrix M multipliziert mit dem Eingangswellenvektor $\vec{E_0}$ ergibt den Reflexionsvektor $\vec{E_N}$. Gilt die obige Annahme, dass nur senkrecht auf das zu untersuchende Objekt eingestrahlt wird, erfolgt die Berechnung der Reflektivität aus einzelnen Einträgen der Gesamtmatrix:

$$\begin{pmatrix} E_0^{\perp} \\ E_0^{\|} \end{pmatrix} = D_0 \prod_{i=1}^{N} P_i D_{i,i+1} \begin{pmatrix} E_{N+1}^{'\perp} \\ E_{N+1}^{'\|} \end{pmatrix}$$

$$= \begin{bmatrix} M_{11} & M_{12} \\ M_{21} & M_{22} \end{bmatrix} \begin{pmatrix} E_{N+1}^{'\perp} \\ E_{N+1}^{'\|} \end{pmatrix}. \tag{3}$$

Die Gesamtreflektivität bei senkrechter Bestrahlung berechnet sich dann zu:

$$r = \frac{M_{21}}{M_{11}}. \tag{4}$$

Ist der komplexe Brechungsindex des zu untersuchenden Mediums bekannt, kann die Reflektanzantwort eines Schichtsystems bei verschiedenen Schichtdicken für Wellenlängenbereiche berechnet werden. Somit entsteht eine $\lambda \times K$ Matrix als Ausgangsgröße [8]. Die Anzahl an Elementen in K multipliziert sich aus den Diskretisierungsstufen der einzelnen Schichten. Ein mehrschichtiges System lässt, je nach Diskretisierungsintervalen, die Größe des Datensatzes schnell anwachsen. Die Methode der kleinsten Fehlerquadrate ergibt die Lösung beim Vergleich zwischen gemessenem und reflektiertem Spektrum. Der Schichtdickenwert mit der geringsten Abweichung zum berechneten Reflektanzspektrum wird als Messwert ausgegeben.

2.3 Hyperspektralimager

Wie ein Spektrometer besitzen HSI die Eigenschaft, eingekoppeltes Licht in spektrale Komponenten zu zerlegen. Üblicherweise kommen hierzu transmissive oder reflektive optische Gitter zum Einsatz [9]. Im Gegensatz zu einem Spektrometer kann ein HSI nicht nur einen Messfleck spektral auflösen, sondern auch eine Linie. Je nach angebauter Flächenkamera wird diese lateral abgetastet. Anstatt einer eindimensionalen Messung erlaubt ein HSI eine zweidimensionale Darstellung. Die abbildenden Eigenschaften der verwendeten Gitter haben zur Folge, dass beim spektralen Auflösungsvermögen nicht so hohe Auflösungen erreicht werden. Das hier vorgestellte Messsystem beinhaltet ein HSI mit reflektiven Konkavgitterelementen. Es handelt sich um ein Gerät der Firma Headwall Model Serie A. Die spektrale Auflösung ist mit 2-3 nm bei einem 25 µm Eingangsspalt angegeben. Die Auflösung ist hoch genug, um Schichtdickenmesstechnik zu ermöglichen.

3 Messsystem

Das gesamte Messsystem lässt sich in zwei Subsysteme aufteilen. Dabei wird zwischen dem optischen Vorbau und dem Hyperspektralimager unterschieden. Der Ausgangspunkt für den Vorbau ist eine punktförmige Lichtquelle. Die Eigenschaft der Punktförmigkeit ist von entscheidender Bedeutung für das erzielbare laterale Auflösungsvermögen des Gesamtsystems. In dem vorgestellten Verfahren wird diese Punktförmigkeit mithilfe einer Stufenindex-Multimode-Glasfaser F erzeugt. Das offene Ende der Glasfaser modelliert die punktförmige Lichtquelle, mit dem zusätzlichen Vorteil, dass die Einspeisung in das Messsystem flexibel geschehen kann. Die Güte der Kollimierung und damit auch die erzielbare laterale Auflösung lässt sich anhand des Divergenzwinkels bestimmen. Aus Berechnungen zum Divergenzwinkel folgt, dass Fasern mit einem Kerndurchmesser bis hin zu 200 µm ein ausreichendes laterales Auflösungsvermögen um 70 µm erreichen. Abbildung 1 zeigt den schematischen Gesamtaufbau. Die punktförmige Weißlichtquelle wird mithilfe eines Off-Axis Parabolspiegels P ohne chromatischer Aberration kollimiert und durch einen 50/50 Strahlteiler B in den Messpfad eingespeist. Achromatische Zylinderlinsen A fokussieren den parallelisierten Stahl zu einer ebenen Fokuslinie orthogonal zum Messobjekt [10]. Das eingestrahlte Licht reflektiert an den verschieden Grenzflächen der dünnen Schichten auf dem Messobjekt. Diese reflektierten Anteile interferieren nach dem Gesetz der Mehrstrahlinterferenz miteinander und erzeugen so einen charakteristischen spektralen Verlauf.

Die reflektierten Anteile koppeln sich wiederum in den Messpfad zurück. Die reflektierte Strahlung durchläuft den Strahlteiler B erneut und wird von einer weiteren Zylinderlinse D zu einer Linie abgebildet. Diese Line ist auf einen Eingangsspalt E eines Hyperspektralimagers fokussiert, welcher die Fähigkeit besitzt, die Linie sowohl lateral als auch spektral zu zerlegen. Die an den Hyperspektralimager angebrachte CCD-Kamera hat 1000 x 1000 Bildpunkte. Mithilfe einer Cameralink Schnittstelle und eines Framegrabbers erfolgt die Kommunikation zum PC. Bei einer 1:1 Abbildung auf

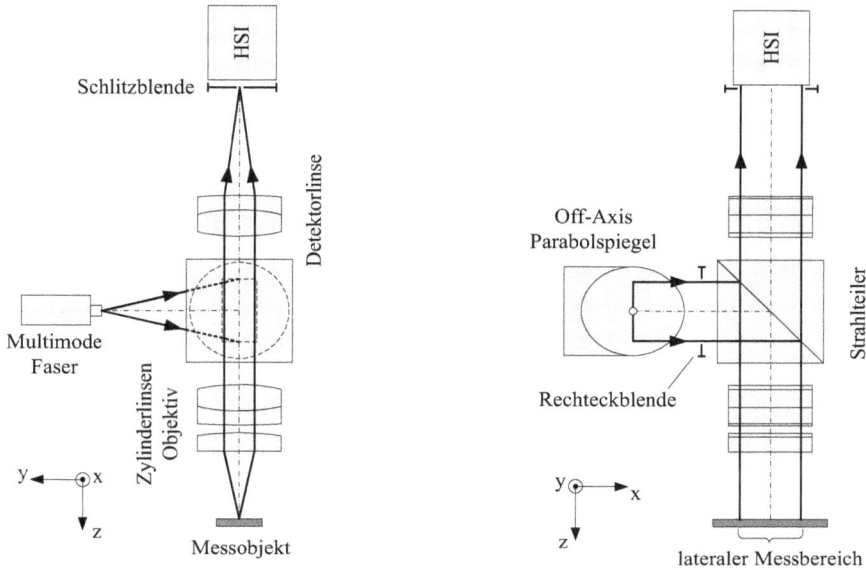

Abb. 1. Schematische Darstellung der Linienfokussieroptik in verschiedenen Projektionsachsen

den Eingangspalt mit 10 mm Länge ergibt dies ein theoretisches laterales Auflösungsvermögen von 10 µm. Wie bereits beschrieben, ergibt sich aus der nicht perfekten Kollimierung in der Realität ein laterales Auflösungsvermögen um 70 µm.

4 Messergebnisse

Im Folgenden werden die Messergebnisse an verschiedenen Probenmaterialien dargestellt. Um eine Aussage über die Qualität der Abbildung zu erhalten, wurden chemisch erzeugte Mikroreaktoren untersucht. Hierbei handelt es sich um Strukturen in einer Glasschicht, welche 2,83 µm hoch ist und auf einem Siliziumwaver aufgebracht wurde. Die Geometrie sowie die Schichtbeschaffenheit dieser Reaktoren sind bekannt, und eignen sich deshalb als Referenzobjekt. Die Struktur auf dem Siliziumträger hat in alle Dimensionen dieselben Abstände und Eigenschaften. Die mit dem Messsystem erzeugten Schichtmodelle zeigen eindeutig, wie die Struktur wiedergeben wird. Bei der Auflösung ergeben sich zwei verschiedene Grenzwerte. Im Resultat zeigt Abbildung 2 eine höhere Auflösung quer zur Messlinie als längs der Messlinie. Daraus folgt, dass die Messlinie enger fokussiert ist als die vorher genannte laterale Grenze durch den Faserdurchmesser. Wie bereits beschrieben, steigt das Auflösungsvermögen mit kleiner werdenden Faserdurchmessern. Bei schlecht reflektierenden Messobjekten kann

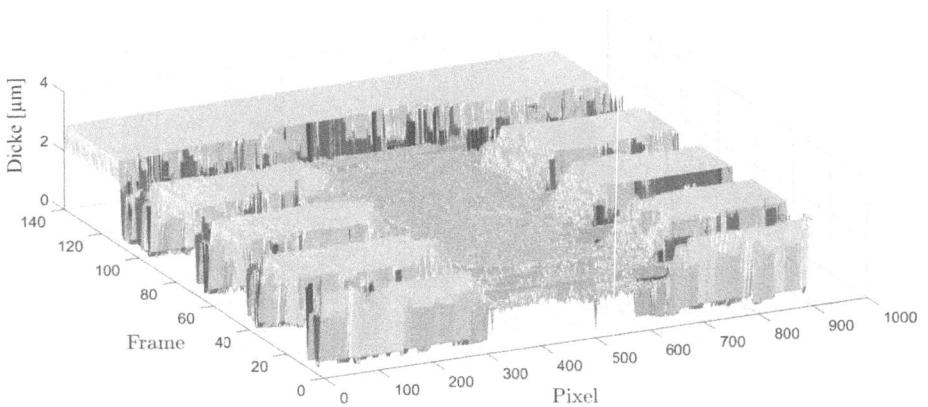

Abb. 2. Darstellung eines Mikroreaktors auf einem Siliziumwaver. Die Höhe zwischen 1,76 μm und 2,86 μm kann in Bewegungsrichtung besser aufgelöst werden

der Faserdurchmesser nicht beliebig klein werden, da sonst zu wenig Licht in die Glasfaser eingekoppelt wird. Mit den Kenntnissen zu dem Auflösungsvermögen des Messsystems wurden Schichten aus dem Bereich der Polymerelektronik untersucht. Hierbei handelt es sich um ein- oder zweischichtige Proben auf Glasträgern. Diese Polymerschichten der Verbindungsketten Blend und PEDOT finden vor allem Anwendung im Bereich der organischen Photovoltaik. Die Schichtdicken auf den Proben wurden durch spin coating erzeugt. Dabei entsteht ein charakteristisches Schleuderprofil. Die Höhe der erzeugten Schicht nimmt von der Mitte aus zu und erzeugt am Randbereich einen kleinen Wulst. Die Abbildung 3 zeigt genau dieses Verhalten bei der Schichtdickenrekonstruktion aus den Messdaten für einen Blend-Singlelayer. Die Schicht wur-

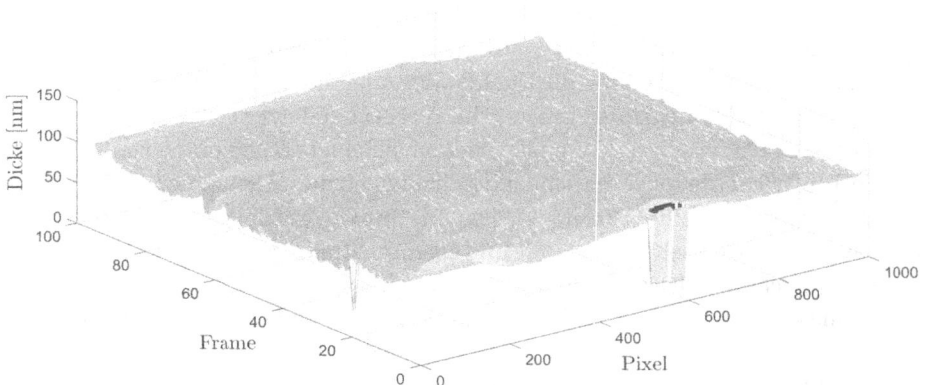

Abb. 3. Darstellung der Schichthöhe eines 10 mm x 50 mm Blend-Singlelayers auf einem Glassubstrat

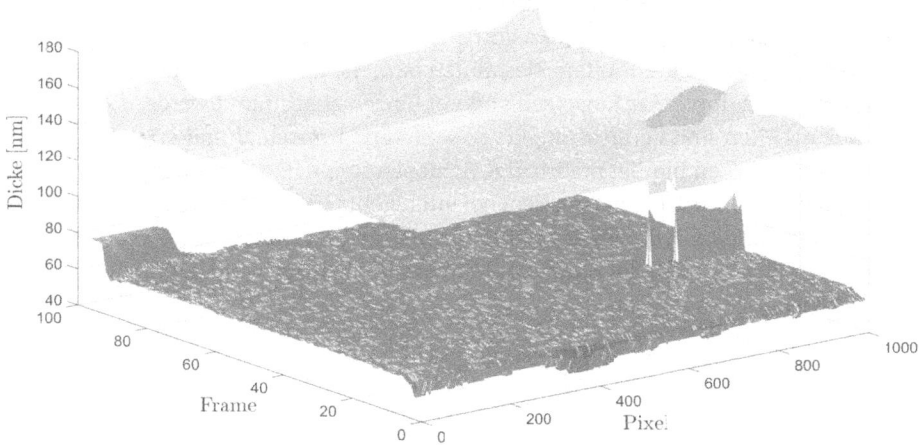

Abb. 4. Darstellung einer 10 mm x 50 mm Doppelschicht. Die obere Blend Schicht wurde mit 3500 rpm gecoatet. Darunter befindet sich ein mit 2000 rpm gecoateter PEDOT-Layer.

de auf den Glassubstratträger mit 3500 rpm gecoatet. Auch Mehrfachschichten wie in Abbildung 4 können untersucht werden. Das Schichtsystem besteht aus einer mit 3500 rpm aufgeschleuderten Blend-Deckschicht und einem mit 2000 rpm gecoateten darunterliegenden PEDOT-Layer. Wie bereits in den Grundlangen beschrieben, kann auch ein Mehrschichtsystem mit der Tranfermatrixmethode beschrieben werden. In beiden Bildern weisen Einschlüsse oder Kratzer deutliche Ausschläge bei der rekonstruierten Höhe auf. Bei Mehrfachschichten entsteht eine zusätzliche Unsicherheit beim Verhalten an den Schichtübergängen. Es nicht immer klar, wie sich das Grenzverhalten zwischen den Schichten auf die Reflektanzkurven auswirkt. Die Qualität der Messung von Mehrschichtsystemen hängt stark von den Produktionsverfahren und der Rauheit zwischen den Layern ab. Diese Unsicherheiten können aber in der Modellierung berücksichtigt werden [11]. Alle gemessenen Schichthöhen wurden mithilfe eines Tastschnittgerätes verifiziert.

5 Zusammenfassung und Ausblick

Die Umsetzung der Idee, ein flächenbasierendes Schichtdickenmesssystem mithilfe der Reflektanzmesstechnik zu realisieren, wurde mit dem vorgestellten Messaufbau verwirklicht. Das vorgestellte Konzept erweitert das robuste und einfache reflektometrische Messprinzip zu einem Flächenmessinstrument. Bereits mit Fasern um 200 µm Kerndurchmesser kann eine laterale Auflösung um 70 µm erzielt werden. Die Höhe von einfachen Schichten kann dabei bis auf 20 nm aufgelöst werden. Die Höhenmessung von zwei und mehrschichtigen Systemen kann ebenfalls durchgeführt werden. Die Zusammensetzung des optischen Vorbaus erlaubt eine einfache Anpassung an andere Messanforderungen. Breitere Messlinien bzw. die Größe der zu untersuchenden Messfläche kann durch das Einsetzen anderer Linsen abgestimmt werden. Als weiterführende Arbeiten sind Vermessungen von weiteren Dünnschichtmaterialien geplant. Insbesondere rücken hierbei mehrlagige Schichtsysteme in den Vordergrund. Solche mehrlagige Systeme kommen vor allem bei intelligenten Materialien zum Einsatz. Diese Arbeit entstand im Rahmen des durch die DFG geförderten Projektes: „Hyperspektrales chromatisches Reflektometer zur Vermessung bewegter Objekte".

Literatur

[1]   Mildner W, Organische Elektronik: Herstellen und Anwenden. *VDMA*, 2005, *6*, 1–31.
[2]   De Feijter JA, Benjamins J, Veer FA, Ellipsometry as a tool to study the adsorption behavior of synthetic and biopolymers at the air–water interface. *Biopolymers*, 1978, *17*, 1759–1772.
[3]   Hecht E, Optik. em Oldenbourg, 2002.
[4]   Koch AW, Ruprecht MW, Toedter O, Häusler G, Optische Messtechnik an technischen Oberflächen. *Expert-Verlag*, 1998.
[5]   Hirth F, Buck TC, Grassi AP, Koch AW, Depth-sensitive thin film reflectometer. *Measurement Science and Technology*, 2010, *21*, 125301.
[6]   Hirth F, Bodendorfer T, Plattner MP, Buck TC, Koch AW, Tunable laser thin film interrogation, *Optics and Lasers in Engineering*, 2011, *49*, 979 - 983.
[7]   Mitsas CL, Siapkas DI, Generalized matrix method for analysis of coherent and incoherent reflectance and transmittance of multilayer structures with rough surfaces, interfaces, and finite substrates. *Applied optics*, 1995, *34*, 1678-1683.
[8]   Katsidis CC, Siapkas DI, General Transfer-Matrix Method for Optical Multilayer Systems with Coherent, Partially Coherent, and Incoherent Interference. *Appl. Opt.*, 2002, *19*, 3978–3987.
[9]   Davis C, Bowles J, Leathers R, et al., Ocean PHILLS hyperspectral imager: design, characterization, and calibration. *Opt. Express*, 2002, *10*, 210-221.
[10] Hirth F, Rößner M, Jakobi M, Koch AW, Impact of angle ranges on thickness resolution in thin film reflectometry. *Optomechatronic Technologies ISOT*, 21-23 Sept. 2009, 104–109.
[11] Grassi AP, Tremmel AJ, Koch AW, On-Line Thickness Measurement for Two-Layer Systems on Polymer Electronic Devices. *Sensors*, 2013, *13*, 12687–12697.

Laura Mignanelli, Armin Luik, Kristian Kroschel, Lorenzo Scalise
und Christian Rembe

Laser-Doppler-Vibrometrie in der Medizin

Zusammenfassung: Laser-Doppler-Vibrometer (LDV) messen kleinste Schwingungs-
amplituden. Dieses Messverfahren hat neben technischen auch biomedizinische Anwendungen. Die Überwachung des Herzrhythmus wird aktuell mit dem Elektrokardiogramm (EKG) durchgeführt, wobei Elektroden auf der Haut befestigt werden. Eine
berührungslose Messung, wie sie mit LDV möglich ist, hat viele Vorteile und würde
die Patientenüberwachung (z.B. verbrannte Haut, Traumata auf den Brustkorb, Früh-
geborenen, und Athleten unter Belastung) erheblich vereinfachen. In diesem Beitrag
zeigen wir, dass optische Vibrokardiographie (VKG) mit LDV nicht nur wie bereits bekannt die Herzfrequenz und deren Variabilität messen kann, sondern auch eine berührungslose Herzrhythmusmessung mit einer robusten AV-Block-Klassifikation ermöglicht.

Schlagwörter: Laser Doppler Vibrometrie, AV-Blöcke, Elektrokardiogramm, Herzrhythmus

1 Einleitung

Die Laser-Doppler-Vibrometrie ist eine interferometrische Technik zur Messung von
Schwingungen [1; 2]. LDV ist inzwischen ein Standardwerkzeug zur Schwingungsana-
lyse von Maschinen und Maschinenteilen [3]. Schwingungen treten aber überall in
der Natur auf und werden von vielen Parametern beeinflusst, so dass die Schwin-
gungsanalyse vielseitig eingesetzt wird. Auch beim Menschen und bei Tieren kann
man Schwingungen analysieren. Zum einen ist es möglich, mit Ultraschall Strukturen im Inneren des Körpers sichtbar zu machen, zum anderen kann der vom Körper
selbst erzeugte Schall gemessen und interpretiert werden. Unsere Forschung beschäftigt sich damit, Schwingungen kontaktlos mit der Laser-Doppler-Technik zu erfassen
und für die medizinische Diagnostik zu nutzen. H. Tatabai et al. geben eine ausführ-
liche Übersicht über die verschiedenen biomedizinischen Applikationen von LDV [4].
Die wichtigsten Parameter, die nach dem Stand der Forschung mit der VKG erfasst
worden sind, sind die Herzfrequenz (HF), die Herzfrequenzvariabilität (HFV) und die
Pulswellengeschwindigkeit (pulse wave velocity PWV), die auch Aufschlüsse über den
Herzrhythmus geben [4; 5; 6; 7; 8; 9]. Ein vollständiges Verständnis der VKG Signatur

Laura Mignanelli, Christian Rembe: TU Clausthal, Institut für Elektrische Informationstechnik,
mail: mignanelli@iei.tu-clausthal.de
Armin Luik: Städtisches Klinikum Karlsruhe
Kristian Kroschel: Karlsruher Institut für Technologie, KIT
Lorenzo Scalise: Università Politecnica delle Marche, UNIVPM

DOI: 10.1515/9783110408539-014

erfordert die Erforschung der Zusammenhänge bei der Entstehung und Ausbreitung der Wellen und deren Korrelation mit der menschlichen Physiologie. Daher ist es notwendig, das VKG-Signal in Bezug auf elektrokardiographische und hämodynamische Aspekte zu analysieren. Die PQ-Zeit ist ein relevanter Parameter des Herzrhythmus und wird vom Kardiologen ausgewertet, um auf die verschiedenen Arten atrioventrikulärer (AV) Blöcke zu schließen. Die PQ-Zeit beschreibt die Verzögerung zwischen der P-Welle im EKG, die die Kontraktion des Atriums auslöst, und dem sogenannten QRS-Komplex, der den Pulsschlag auslöst [10]. Das Ziel dieser Untersuchungen ist es, die durch die LDV-Technologie aufgenommenen Schwingungssignale zu interpretieren. Wir haben untersucht, inwieweit sich der Herzrhythmus über Schwingungen detektieren lässt. Ein wesentlicher Parameter des Herzrhythmus ist die PQ-Zeit. Wir weisen in diesem Beitrag nach, dass sich der Herzrhythmus direkt über der linken Herzvorkammer auf der Brust mit LDV messen lässt. Die PQ-Zeit beträgt bei Patienten ohne Befund 120 bis 200 ms. Variationen von 5 % liegen im physiologischen Bereich. AV-Blöcke sind kardiovaskuläre Krankheiten, bei denen der Takt zwischen dem Schließen des Vorhofs und der Herzkammer nicht ordnungsgemäß funktioniert. Es gibt drei verschiedene Arten von AV-Blöcken. Die Typ-I-AV-Block beschreibt eine stabile Verlängerung des PQ-Intervalls auf einen Wert über 200 ms. Der Typ II AV-Block ist in zwei Untertypen unterteilt. Der Typ-IIa-AV-Block beschreibt eine PQ Zeit, die sich mit jedem Herzschlag erhöht, bis auf eine blockierte P-Welle kein QRS-Komplex folgt. Der Typ-IIb-AV-Block zeigt eine stabile und normale PQ-Zeit für einige Schläge und dann setzt der QRS-Komplex plötzlich aus. Beim Typ-III-AV-Block sind die P-Welle und der QRS-Komplex asynchron [10]. Erste Untersuchungen von uns haben gezeigt, dass über eine Schwingungsmessung an der Karotis keine robuste Bestimmung der PQ-Zeit möglich ist [11]. In diesem Beitrag zeigen wir, dass eine Messung auf dem Thorax zu einer zufriedenstellenden Messunsicherheit für die PQ-Zeit führt und eine Bestimmung von AV-Blöcken mit dem Vibrometer durch den Arzt möglich ist.

2 Messaufbau

Alle Messungen wurden mit dem Infrarot-LDV RSV 150 (Polytec GmbH, Deutschland) mit einem speziellen Nahfeldobjektiv durchgeführt, um kurze Arbeitsabstände zu ermöglichen [12]. Wesentliche Vorteile der eingesetzten Infrarot-Technologie sind die Einstufung in Klasse I auch bei 10 mW Messlichtleistung und eine im Vergleich zu einem HeNe-LDV deutlich bessere Signalqualität.

Der Einsatz dieser Wellenlänge (1550 nm) ist günstig, da das Licht nicht in das Auge eindringt und sehr gut von der Haut zurückgestreut wird. Eine integrierte Kamera zeigt den Messpunkt als Zielhilfe an.

Ein GE Marquette MAC 5000 Elektrokardiograph wurde eingesetzt, um das EKG aufzunehmen. Die Elektroden wurden nach dem Einthoven Dreieck eingestellt und das analoge Ausgangssignal wurde mit dem Referenzeingang des Polytec Datenerfassungssystems digitalisiert. Auf diese Weise wird die gleichzeitige Aufnahme von EKG und VKG sichergestellt. Abbildung 1 (Links) zeigt die eingesetzte Versuchsanordnung. Das Vibrometer befindet sich in etwa 1 m Abstand vom Messpunkt. Der Laserstrahl trifft senkrecht auf die Haut, während die Versuchsperson liegt. Messungen wurden bei gesunden Personen und bei Herzschrittmacherpatienten durchgeführt.

Um die Abhängigkeit des Signals von der Position des Messpunkts zu verstehen, wurde mit einem Mehrkanal-Vibrometer [13] gemessen (Abbildung 1 Rechts). Der Messkopf ist in etwa 80 cm Entfernung von dem Probanden plaziert. Das Mehrkanal-Vibrometer erlaubt die simultane Erfassung von zwölf verschiedenen Punkten mit einer Abtastrate von 20 kHz und einer Messzeit von 400 ms. Ein DPSS-Laser bei 532 nm Wellenlänge wird in diesem System zum Messen verwendet. Das Hochfrequenzrauschen in den VKG und EKG Signalen wurde mit einem ein Butterworth-Filter achter Ordnung beseitigt. Außerdem wurde ein Waveletfilter entworfen, der die langsamen Signalstörungen sowie die Atmungskomponente und unwillkürlichen Bewegungen entfernt.

3 Ergebnis

Mit einem Mehrkanalvibrometer haben wir untersucht, ob die durch das Herz verursachte Schwingung auf dem Thorax robuste Signale vom Herzrhythmus enthält. Mit Hilfe des Vibrometers mit 12 Messkanälen haben wir nach einer Fläche gesucht, welche ein reproduzierbares Schwingungssignal für unterschiedliche Patienten zeigt. Abbildung 2 zeigt die Signale, die wir mit dem Mehrkanalvibrometer gleichzeitig aufgenommen haben. Die Punkte 4–7 und 9 zeigen eine sehr ähnliche Signalform, die reproduzierbar gemessen werden konnten. All diese Punkte wurden in einer linken parasternalen Position zwischen dem dritten bis sechsten Interkostal Raum positioniert, was auf einer Fläche von etwa 4 cm×15 cm liegt. Dieser Bereich wurde als bevorzugter Messpunkt identifiziert und mit dem IR-LDV weiter ausgewertet. Die übrigen Punkte weisen eine reduzierte Amplitude sowie eine zweiphasige dominante Spitze auf und waren nicht für automatisierte Auswertungen geeignet. Gründe könnten die extremen Positionen der Punkte oder eine Messung in nächster Nähe zu den Rippen sein. Das wesentliche Ergebnis dieser Untersuchung ist die Erkenntnis, dass VKG Signale auf der linken parasternalen Position auf einer vergleichsweise großen Fläche robust detektiert werden können.

Für die Einpunkt-LDV-Aufnahmen auf dem geeigneten Messpunkt auf dem Thorax wurde eine Samplefrequenz von 960 Hz und eine Erfassungszeit von 64 s gewählt. Die Studie bestand aus zehn Messungen von gesunden Probanden. Auch wenn jeder Proband unterschiedliche anatomische und physiologische Merkmale (Geschlecht, Gewebeschichtung, BMI, körperliche Aktivität,…) aufzeigt, weist das Vibrationssignal

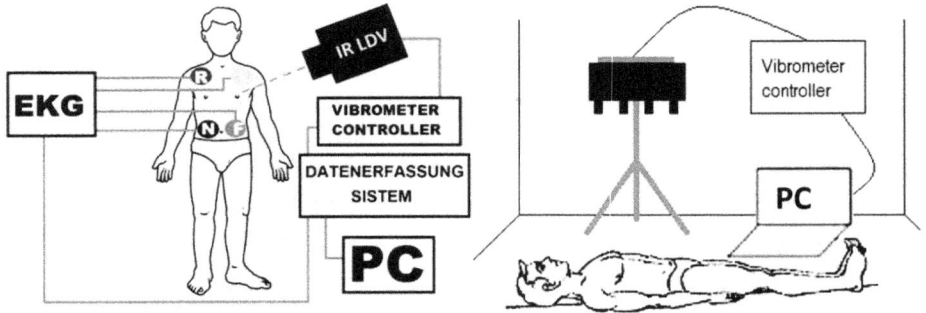

Abb. 1. Aufbau zum Vergleich von EKG- und VKG (Links) , Aufbau mit dem Mehrkanal-Vibrometer (Rechts)

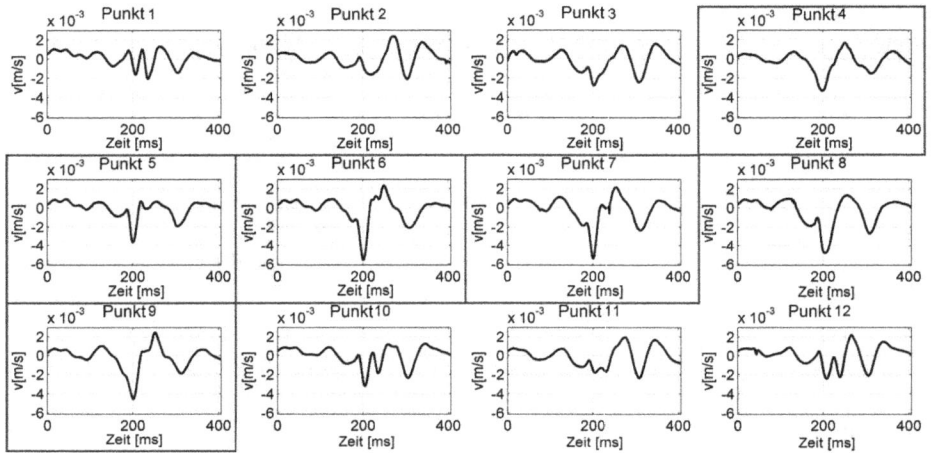

Abb. 2. Gleichzeitige Messung von 12 thorakalen Punkten.

am Thorax die gleichen charakteristischen Wellen auf (siehe Abbildung 3). Es kann daher gefolgert werden, dass die negative Spitze im VKG-Signal eine direkte mechanische Antwort auf den elektrischen QRS-Komplex ist. Vor dieser negativen Spitze erkennt man zwei kleine positive Wellen.

Die auf dem Thorax gemessene Schwingung wird durch das Herz als akustische Quelle erzeugt. Um das Übertragungsverhalten zu ermitteln, wird üblicherweise ein definiertes Eingangssignal wie z.B. ein Sprung oder ein Sinus verwendet. Das ist in diesem Fall offensichtlich nicht möglich. Um trotzdem die Systemantwort auf unterschiedliche Anregungssignale untersuchen zu können, haben wir Messungen an Patienten mit Herzschrittmacher durchgeführt. Bei Patienten mit Herzschrittmacher wird regelmäßig die Herzfunktion untersucht, wofür der Herzschrittmacher für etwa 10 bis 15 Sekunden ausgeschaltet werden muss. Bei AV-Block-III Patienten verläuft das Schließen des Atriums und des Ventrikels asynchron und da wir mit den EKG-Messungen den Zeitverlauf des elektrischen Anregungssignals kennen, kann nun die Systemantwort auf ein bekanntes Eingangssignal untersucht werden. In den VKG-Signalen kann man die in Abb. 4 markierte Signatur des Schließens vom Vorhof deutlich erkennen.

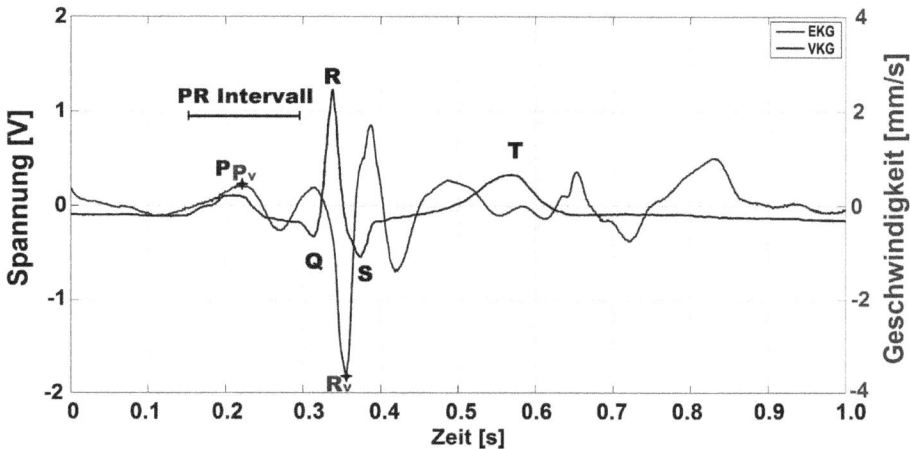

Abb. 3. Der direkte Vergleich zwischen EKG und VKG zeigt, dass beide Signale die Bestimmung des PR-Intervalls erlauben. Der Punkt R kennzeichnet das EKG-Signal, der Punkt Rv kennzeichnet das VKG-Signal.

Die Signalsignatur besteht aus einer ersten positiven Welle, die wie eine gedämpfte Schwingung abfällt. Diese Signatur ist auch bei Messungen an gesunden Personen wie in Abbildung 3 zu erkennen, allerdings überlagert sich dieses Signal mit der Systemantwort des Herzschlags. Bei durchschnittlichen gesunden Personen tritt die zweite negative Amplitude der Antwort auf das Schließen des Vorhofs zeitgleich mit der Antwort auf die Kontraktion des Ventrikels statt. Bei AV-Block-I Patienten ist die Verzögerung zwischen P-Welle und QRS-Komplex länger als 200 ms. Die Messungen an Personen mit Herzschrittmacher haben gezeigt, dass ein AV-Block II eindeutig von einem AV-Block III unterschieden werden kann, was eine Diagnose ermöglicht. Damit ein AV-Block I diagnostiziert werden kann, muss der behandelnde Arzt die Verzögerung zwischen dem Schließen des Vorhofs und der Kontraktion der linken Herzkammer genau bestimmen können. Dazu wird in Der Regel das EKG-Signal ausgedruckt und die Verzögerung zwischen P-Welle und QRS-Komplex mit einem speziellen Lineal gemessen. Eine Bestimmung der Verzögerung aus dem VKG-Signal sollte in Bezug zu den Werten aus dem EKG-Signal eine Unsicherheit von unter 20 ms aufweisen. Eine statistische Auswertung der Verzögerung zwischen der P-Welle und der QRS-Komplex wurde an gesunden Probanden durchgeführt, um die Messunsichereit abzuschätzen.

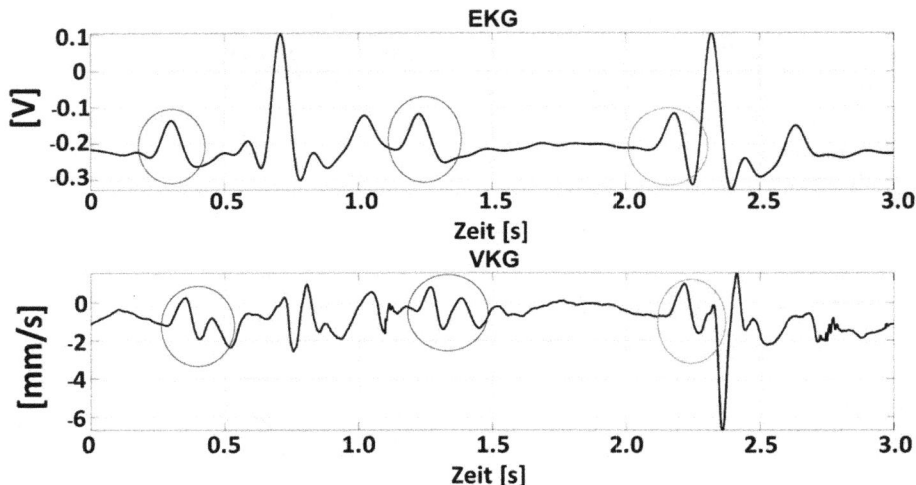

Abb. 4. Synchron aufgenommenes EKG und VKG eines Patienten mit AV Block III. Freie Signaturen von der Kontraktion des Ventrikels (linker und mittlerer Kreis). Überlagerungen mit dem Herzschlag (rechter Kreis).

Das EKG repräsentiert die elektrische Aktivität des Herzens und wird mit Elektroden an der Körperoberfläche aufgezeichnet. Beim VKG wird hingegen die Vibration der Haut gemessen. Auslenkungen des VKG sind direkt mit der mechanischen Kontraktion der Herzkammern korreliert und daher abhängig von dem Messpunkt. Die Füllung der Vorhöfe ist ein passiver Vorgang, gefolgt von einer aktiven Kontraktion. Dies führt zu einer positiven Auslenkung des thorakalen VKG (Pv) gefolgt von einer negativen Amplitude und schließlich einer abklingenden Vibration. Die Kontraktion des Ventrikels führt zu einer negativen Auslenkung beim VKG-Signal (Rv). Aus dem Vergleich mit dem EKG-Signal folgt, dass das Intervall zwischen der ersten positiven Spitze der Antwort auf die Kontraktion des Atriums (Pv) und der ersten dominanten negativen Spitze der Kontraktion des Ventrikels am besten geeignet ist, um die Verzögerung zwischen beiden Vorgängen zu beschreiben. Das PR-Intervall des VKG-Signals entspricht bis auf einen konstanten Versatz dem PQ-Intervall beim EKG (Abbildung 3). Um das PR-Intervall als medizinischen Parameter aus dem VKG-Signal zu erhalten, wurden 20 Herzschläge von jedem gesunden Probanden unter Wiederholbedingungen aufgenommen und mit einem Spitzendetektions-Algorithmus ausgewertet. Die statistische Verteilung der Herzschlagzeit einer einzigen Person kann als Gauß-Verteilung angenommen werden. Die Standardabweichung s_{t_VKG} von $n = 20$ Proben ergibt die Typ-A-Unsicherheit nach dem Leitfaden zur Angabe von Unsicherheiten in Messungen GUM [14], wobei $\bar{t}_{VKG}$ der Mittelwert der Messreihe ist. Die Standardabweichung der Mittelwerte s_{t_av} wurde berechnet.

$$s_{t\_VKG} = \sqrt{\frac{1}{n-1} \sum_{i=1}^{n} (t_{VKG} - \bar{t}_{VKG})^2} \qquad s_{t\_av} = \frac{1}{10} \sum_{j=1}^{10} s_{t\_VKG}(j) = 6,5\,\text{ms}$$

$$\bar{t}_{VKG} \frac{1}{n} \sum_{i=1}^{n} t_{VKG}(i)$$

Eine Korrektur aufgrund des unbekannten Erwartungswerts der Verteilung mit Hilfe der Student-t-Verteilung ergibt für die Typ-A-Unsicherheit $u_A = 6,7$ ms.

Darüber hinaus wurden die Abweichungen zwischen den verschiedenen Personen analysiert. Die durchschnittliche Abweichung von 12,9 ms zwischen dem PQ-Intervall des EKG und der PR-Intervall des VKG wurde korrigiert. Dadurch werden alle in den verschiedenen Techniken resultierenden systematischen Abweichungen berücksichtigt. Es wurden 10 verschiedene Personen untersucht und die Ergebnisse der PQ-Intervall-Messung mit dem VKG wurden mit den Ergebnissen aus dem EKG verglichen. Die maximale Abweichung betrug 20,5 ms. Ursache der Abweichungen sind die spezifischen hämodynamischen und mechanischen Einflüsse jedes Individuums auf die Signalentstehung. Dies wird durch eine Rechteckverteilung ($a = 20,5$ ms) bei der Typ-B Unsicherheit $u_B = a/\sqrt{3} = 11,84$ ms berücksichtigt. Ein Modell ist erforderlich, um die kombinierte Unsicherheit aus den Typ A und Typ B Beiträgen zu berechnen. Der kompensierte Messwert t_{PQmeas} kann einfach als

$$t_{PQmeas} = t_{PQ} + \Delta t_{PQ\_TypA} + \Delta t_{PQ\_TypB}$$

geschrieben werden und somit ergibt sich eine für die PQ-Zeitbestimmung ausreichende kombinierte Unsicherheit mit einem Erweiterungsfaktor von $k = 1$ zu $u_{PQ} = 13,6$ ms wobei

$$u_{PQ} = k\sqrt{\frac{\partial \Delta t_{PQmeas}}{\partial \Delta t_{PQ\_TypA}} \Delta t_{PQ\_TypA} + \frac{\partial \Delta t_{PQmeas}}{\partial \Delta t_{PQ\_TypB}} \Delta t_{PQ\_TypB}} = \sqrt{u_A^2 + u_B^2}$$

gilt.

4 Zusammenfassung und Ausblick

In dieser Arbeit haben wir nachgewiesen, dass relevante medizinische Informationen aus den im menschlichen Körper auftretenden Schwingungssignalen mit LDV extrahiert werden können. Schwingungssignale von dem Thorax ermöglichen eine Diagnose von AV-Blöcken. Die PQ-Zeit konnte mit einer kombinierten Standardunsicherheit von 13,6 ms ermittelt werden, womit selbst der am schwierigsten zu messende AV-Block-I diagnostiziert werden kann. AV-Blöcke II und III können problemlos nachgewiesen werden. Dies ist ein wichtiger Schritt in Richtung eines kontaktlosen medizinischen Scanners für Vitalfunktionen.

Unsere zukünftige Forschung zielt darauf ab, die gesamten im menschlichen Körper erzeugten akustischen Schwingungen für die medizinische Diagnose zu nutzen. Wir möchten mit Hilfe der Mehrkanal-Laservibrometrie [13] klären, wie Schwingungen mit diversen Krankheitsbildern zusammenhängen.

Danksagung: Wir danken der Polytec GmbH für die Unterstützung und die Bereitstellung von Geräten. Die Autoren L. Mignanelli und C. Rembe waren während der Durchführung der Untersuchungen für die Polytec GmbH tätig.

Literatur

[1]   Rembe C, Siegmund G, Steger H, Wörtge M. in Optical Inspection of Microsystems (Optical Science and Engineering) , ed. Osten, W., CRC Press, 2006, 245–29

[2]   Castellini P, Revel GM, Tomasini EP. Laser Doppler Vibrometry: A Review of Advances and Applications. Shock Vib. Dig. 30, 443–456 (1998).

[3]   Schell J, Johansmann M, Schüssler M, Oliver D, Palan V. Three Dimensional Vibration Testing in Automotive Applications Utilizing a New Non-Contact Scanning Method. SAE Tech. Pap. 2006–01–1095 (2006).

[4]   Tabatabai H, Oliver DE, Rohrbaugh JW, Papadopoulos C. Novel Applications of Laser Doppler Vibration Measurements to Medical Imaging. Sens. imaging 14, 13–28 (2013).

[5]   De Melis M, Grigioni M, Morbiducci U, Scalise L. Optical monitoring of the heartbeat. WIT Press 8, 181–190 (2005).

[6]   De Melis M, Morbiducci U, Scalise L et al. A Noncontact Approach for the Evaluation of Large Artery Stiffness: A Preliminary Study. Am. J. Hypertens. 1–4 (2008).

[7]   Scalise L, Morbiducci U. Non-contact cardiac monitoring from carotid artery using optical vibrocardiography. Med. Eng. Phys. 30, 490–7 (2008).

[8]   Morbiducci, U., Scalise, L., De Melis, M. & Grigioni, M. Optical vibrocardiography: a novel tool for the optical monitoring of cardiac activity. Ann. Biomed. Eng. 35, 45–58 (2007).

[9]   Chen M, O'Sullivan JA; Singla N et al. Laser Doppler Vibrometry Measures of Physiological Function: Evaluation of Biometric Capabilities. Trans.Info.For.Sec. 5, 449–460 (2010).

[10]   Josephson ME, Clinical Cardiac Electrophysiology: Techniques and Interpretations, 4th Edition, Pittsburg, USA, Lippincott Williams & Wilkins, 2008.

[11]   Mignanelli L, Rembe C, Kroschel K, Luik A, Castellini P, Scalise L. Medical Diagnosis of the Cardiovascular System on the Carotid Artery with IR Laser Doppler Vibrometer, AIP Conference Proceedings 1600, 313 (2014)

[12]   Draebenstedt A, Sauer J, Rembe C. Remote-sensing vibrometry at 1550 nm wavelength. AIP Conf. Proc. 1457, 113 (2012).

[13]   Haist T, Lingel C, Osten W. et al. Multipoint vibrometry with dynamic and static holograms, Rev. Scien. Instr. 84, 121701 (2013).

[14]   ISO/TMB. GUIDE 98-3 Uncertainty of measurement Part 3: Guide to the expression of uncertainty in measurement. 120 ANSI (2008).

Sebastian Vater, Johannes Pallauf und Fernando Puente León

Referenzdatenbestimmung für die 3D-Kopfposenschätzung unter Verwendung eines Motion-Capture-Systems

Zusammenfassung: In dieser Arbeit wird eine Methode zur Gewinnung von Referenzdaten für die 3D-Kopfposenschätzung mit Hilfe eines Vicon MX Motion-Capture-Systems vorgestellt. Im Rahmen der Arbeit wurden jeweils 22 Videos von 6 Probanden mit einer RGB-Kamera bei einer Bildrate von 30 Bildern pro Sekunde aufgenommen. Die Videosequenzen bestehen aus Bewegungsszenarien, welche Drehbewegungen des Kopfes um die drei Raumachsen unter verschiedenen Beleuchtungsbedingungen zeigen. Die Referenzdaten wurden mit einer Auflösung von 800×600 Bildpunkten aufgenommen, welche eine weitere Bildverarbeitung zur Detektion charakteristischer Merkmale zulässt. Dieser Beitrag liefert eine detaillierte Beschreibung des Messaufbaus und der Durchführung. Es wird gezeigt, wie aus den 3D-Trajektorien der Marker Referenzdaten für den Zustandsvektor des Kopfes bestimmt werden. Anhand von Experimenten mit Hilfe eines bestehenden Algorithmus zur 3D-Kopfposenschätzung werden die gewonnenen Referenzdaten getestet.

Schlagwörter: Referenzdatenbestimmung, Erscheinungsbasierte 3D-Kopfposenschätzung, Motion-Capture-System

1 Einleitung

Dreidimensionale Kopfposenschätzung stellt einen wichtigen Aspekt der Mensch-Maschine-Interaktion dar. Die Kopfposenschätzung kann zahlreiche Aufgaben im Rahmen der maschinellen Wahrnehmung übernehmen. Sie findet Anwendung in der Gesichtsdetektion sowie Gesichtserkennung, in der Emotionserkennung, der Bildregistrierung und ist insbesondere notwendig für eine kopfposeninvariante Blickrichtungsschätzung. Um die Funktionsweise und Genauigkeit erforschter Methoden zur Bestimmung der Kopfpose zu verifizieren, sind verlässliche Referenzdaten notwendig. Ziel dabei ist es, Referenzdaten für den 6-dimensionalen Zustandsvektor des Kopfes im Raum, bestehend aus 3 Rotationen und 3 Translationen, zeitlich aufgelöst und mit geringer Messunsicherheit, bereitzustellen.

Bestehende Datensätze wurden häufig mit der Zielsetzung erstellt, eine Gesichtsdetektion oder Gesichtserkennung robust gegenüber einer variierenden Kopfposition zu gestalten. Diese Datensätze bestehen aus Einzelbildern mit einer definierten Kopf-

Sebastian Vater, Johannes Pallauf, Fernando Puente León: Institut für Industrielle Informationstechnik (IIIT), Karlsruher Institut für Technologie (KIT), Hertzstraße 16, 76187 Karlsruhe, mail: sebastian.vater@kit.edu

DOI: 10.1515/9783110408539-015

orientierung. Gourier et al. [4] bringen visuell zu fixierende Punkte in einem regelmäßigem Muster an einer Wand an und nehmen Bilder aus einer konstanten Kameraposition auf. Um die Performanz von Trackingmethoden, welche die Position des Kopfes über einen längeren Zeitraum durch Berechnung infinitesimaler Änderungen der Kopfpose schätzen, zu testen, sind Datenbanken, die aus Einzelbildern bestehen [3; 4], nicht geeignet.

Kontinuierliche Daten zur Untersuchung der Aufmerksamkeit von Autofahrern wurden von Murphy-Chutorian et al. [6] durch die Schätzung der Kopforientierung mit Hilfe eines in einem Fahrzeug eingebauten Vicon-Systems aufgenommen. Es werden allerdings keine Informationen über die extrinsische Kameramatrix aufgezeichnet, sodass keine Auswertung in einem lokalen Kamerakoordinatensystem möglich ist.

Cascia et al. [5] präsentieren einen Datensatz, bei dem Referenzdaten mit Hilfe eines magnetischen „Flock of Birds"-Trackers [1] aufgenommen werden. Der Sensor zeichnet die relative Änderung der Position des Senders bezüglich eines Empfängers sowie die Orientierung des Senders auf. Die Genauigkeit des Systems wird bei störungsfreier Aufnahme mit $0,5°$ für Rotationen und $2,54\,\text{mm}$ für Translationen angegeben. Störungen können durch metallische Gegenstände oder elektromagnetische Signale auftreten. Da die Kalibrierungsdaten, welche den initialen Abstand zwischen Sender und Empfänger beinhalten, nicht zur Verfügung gestellt werden, lassen sich Translationen nicht auswerten. Ein weiterer Nachteil ist die niedrige Auflösung von 320×240 Bildpunkten, die es nicht erlaubt, feine Strukturen – wie etwa die Iris – zu detektieren.

Vorhandene Datensätze besitzen eine unzureichende Auflösung und Genauigkeit bezüglich der Position und Ausrichtung der Kopfpose, unvollständige Informationen über vorhandene Messdaten oder eine niedrige Bildauflösung der zugehörigen Videosequenzen. Um diesen Missstand zu beheben, wird in diesem Beitrag ein Rahmenwerk zur Aufnahme präziser Referenzdaten für die 3D-Kopfposition präsentiert.

Um die Anforderungen für Referenzdaten zur Verifizierung eines Algorithmus zur Kopfposen- und Blickrichtungsschätzung zu erfüllen, soll in dieser Arbeit ein Vicon MX Motion-Capture-System [8] als Messumgebung dienen. Das System besteht aus einem Infrarot(IR)-Kameraarray und einer Basisstation, welche die von den IR-Kameras gelieferten Daten zu dreidimensionalen Punktetrajektorien auswertet. In dieser Arbeit soll bei der Gewinnung von Referenzdaten für die 3D-Kopfpose darüber hinaus der Aspekt berücksichtigt werden, dass die 3D-Kopfposenschätzung als Ausgangspunkt für eine Bestimmung der Blickrichtung genutzt werden soll. Um eine präzise und gegenüber der Kopfpose invariante Schätzung der Blickrichung durchzuführen, sollte gewährleistet sein, dass der aus der Kopfposenschätzung resultierende Fehler klein genug ist, um nah beieinander liegende Objekte zuverlässig durch Auswertung eines Blickrichtungsvektors unterscheiden zu können. Neben zugehörigen Videosequenzen mit einer ausreichend hohen Auflösung sollen in diesem Beitrag Informationen über

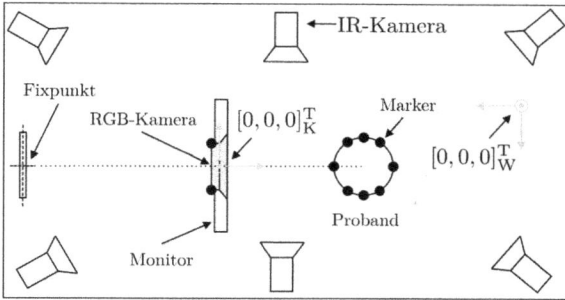

Abb. 1. Messaufbau und Szene (Draufsicht).

die zur Videoaufnahme genutzte RGB-Kamera in Form der extrinsischen und intrinsischen Kameramatrix geliefert werden.

2 Messaufbau

Das verwendete Vicon MX Motion-Capture-System nutzt 6 Infrarotkameras, welche aus verschiedenen Positionen im Raum auf die Szene gerichtet sind. Ein Proband positioniert sich vor einem Monitor in einem durch die Ausrichtung der IR-Kameras definierten Kontrollvolumen. Oberhalb des Monitors ist eine RGB-Kamera angebracht, welche eine Videosequenz der Szene aufzeichnet. Abbildung 1 zeigt eine Draufsicht des Messaufbaus.

Konvention für Koordinatensysteme und Begrifflichkeiten
Der Ursprung $[0, 0, 0]_K^T$ des Kamerakoordinatensystems $\mathcal{K}$ liegt im Gehäuse der RGB-Kamera, wobei dessen z_K-Achse in Richtung des Probanden zeigt, siehe Abb. 3. Die Drehrichtungen ω_x, ω_y und ω_z werden im Folgenden mit *Pitch*, *Yaw* und *Roll* bezeichnet. Mit $[0, 0, 0]_W^T$ sei der Ursprung des Weltkoordinatensystems $\mathcal{W}$ bezeichnet, in welchem die 3D-Markerpositionen durch das Vicon-System aufgezeichnet werden.

Das Motion-Capture-System liefert die dreidimensionalen Markerpositionen $\mathbf{x}_W = [x_W, y_W, z_W]_i^T$, $i \in \{1, \ldots, 8\}$. Die Marker sind an einer Markerhalterung befestigt, welche die Probanden während der Messung aufsetzen. Abbildung 2 zeigt einen Ausschnitt aus einem der Referenzvideos mit den Markern. Die Daten der IR-Kameras werden von einer kommerziellen Software zu Trajektorien von Markerpunkten verarbeitet, wobei die Genauigkeit bezüglich der Positionsbestimmung des Systems stark von der Kalibrierung des Systems abhängt [8].

Es kann gezeigt werden, dass nach einer erfolgreichen Kalibrierung mit der vorgeschlagenen Methode eine Winkelabweichung von weniger als 0,11° erreicht wer-

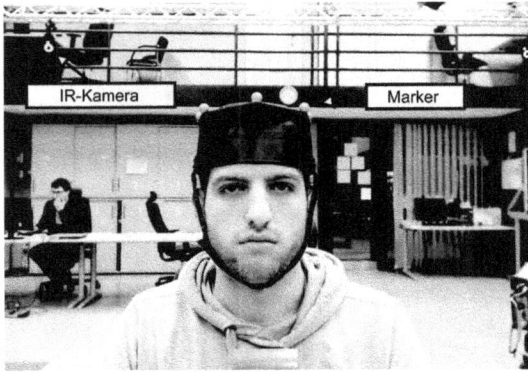

Abb. 2. Ausschnitt aus einer Videosequenz des Datensets mit Markerhalterung.

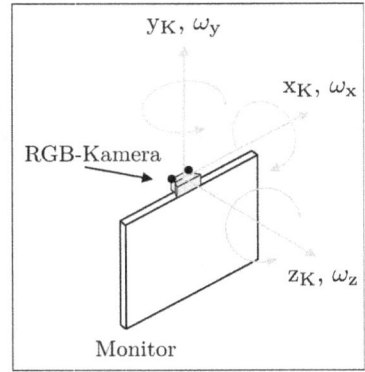

Abb. 3. Koordinatenachsen und Orientierungen in $\mathcal{K}$.

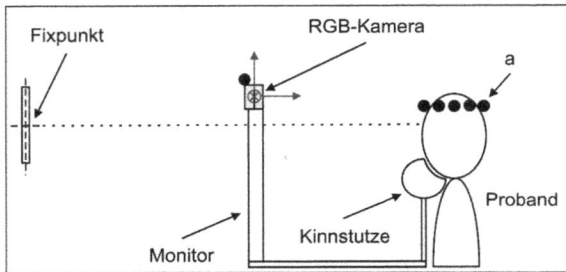

Abb. 4. Messaufbau und Szene (Seitenansicht).

den kann. Dieser Fehler ist deutlich kleiner als bei Verwendung eines magnetischen Trackers [5].

3 Durchführung

Um bei der Erstellung der Referenzdaten zuverlässige Werte für die Translation des Kopfes bestimmen zu können, muss die relative Position zwischen Markerpositionen und Kopf bekannt sein. Hierzu werden Kopf und Markerhalterung zueinander ausgerichtet, indem der Proband geradeaus auf einen Fixpunkt schaut und die durch die 8 Marker definierte Ebene der Markerhalterung mit der Nullebene von $\mathcal{W}$ ausgerichtet wird. Eine Kinnstütze sorgt für eine reproduzierbare Position der Kopfes. Abbildung 4 zeigt den Aufbau schematisch in der Seitenansicht. Bei der Durchführung wurde die Aufnahme der Markerpositionen durch das Motion-Capture-System zuerst gestartet. Nach Start der Videoaufnahme durch die RGB-Kamera wird durch einen in der Videosequenz sichtbaren Trigger eines Lichtschrankensignals ein Zeitstempel in der Bildsequenz gesetzt. Das Lichtschrankensignal erzeugt einen Zeitstempel im Referenzsystem, mit welchem der Anfang des Videos mit dem Signal des Motion-Capture-Systems synchronisiert wird.

Messprotokoll

Da mit den aufgenommenen Daten erscheinungsbasierte Algorithmen zur Schätzung der 3D-Kopfpose getestet werden sollen, wurde auf eine möglichst große Varianz bezüglich des Erscheinungsbilds sowie besonderer Merkmale der Probanden geachtet. Hierzu wurden im Rahmen dieser Arbeit Messdaten für insgesamt 6 Probanden aufgenommen. Die Sequenzen beinhalten Videos von Personen verschiedener Ethnien (europäisch, asiatisch, afrikanisch), Personen mit Brille sowie mit Barthaar. Die Videos wurden im RGB24-Format mit einer Bildwiederholrate von 30 Bildern pro Sekunde aufgezeichnet. Für jede der Personen wurde eine definierte Messreihe mit 22 Messungen und einer vorgegebenen Aufnahmedauer von 300 Bildern durchgeführt, deren Zusammensetzung in Tab. 1 gegeben ist. Darüber hinaus wurden jeweils zwei weitere Videosequenzen mit freien Kopfbewegungen aufgezeichnet, in denen sich die Beleuchtungsverhältnisse während der Aufnahme ändern.

Tab. 1. Messprotokoll.

Video-Nr.	1–3	4–6	7–12
Bewegung Kopf	Yaw, Pitch, Roll	X-, Y-, Z-Translationen	Kombinationen aus 1–6
Blickrichtung	Frei	Frei	Frei

Video-Nr.	13–14	15–16	17–18	19–20
Bewegung Kopf	Frei	Frei	Feste Kopfrichtung	Frei
Blickrichtung	Kamera	Frei	Frei	Feste Blickrichtung

4 Erstellung der Referenzdaten

Da die Rotationen und Translationen des Kopfes mit dem verwendeten Motion-Capture-System nicht direkt gemessen werden können, wird in diesem Abschnitt eine Methode zur Bestimmung der Referenzdaten der Kopfpose für die Nutzung zusammen mit einem erscheinungsbasierten Ansatz zur Kopfposenschätzung vorgestellt. Die 3D-Punkte der Referenzdaten können hierzu durch Anwendung der Zentralprojektion unter Verwendung der intrinsischen Kameraparameter in die Bildebene überführt werden. Hierzu müssen die Koordinaten der Markertrajektorien zunächst ins Kamerakoordinatensystem überführt werden.

Extrinsische Kameramatrix

Die Transformation von $\mathcal{W}$ in $\mathcal{K}$ wird durch die extrinsische Kameramatrix $\mathbf{K}_{\text{Ex}}$ beschrieben. Zur Ermittlung von $\mathbf{K}_{\text{Ex}}$ müssen die Verschiebung und die Orientierung der Achsen beider Koordinatensysteme bestimmt werden. Hierzu werden die Koordinaten der am Gehäuse der Kamera angebrachten Marker genutzt. Vor der Aufnahme der Videosequenzen wurden die vertikalen Achsen beider Koordinatensysteme parallel zueinander ausgerichtet. Mittels der Markerpositionen der Kameramarker lassen sich dann die translatorischen Verschiebungen $t_x^{\mathcal{W}\mathcal{K}}$, $t_y^{\mathcal{W}\mathcal{K}}$ und $t_z^{\mathcal{W}\mathcal{K}}$ vom Welt- ins Kamerakoordinatensystem bestimmen. Die Verdrehung der vertikalen Achsen beider Koordinatensystem lässt sich dann aus

$$\phi_{z_W}^{\mathcal{W}\mathcal{K}} = \arctan\left(\frac{\Delta x_{W,\text{Kamera}}}{\Delta y_{W,\text{Kamera}}}\right)$$

berechnen.

Die in $\mathcal{W}$ vorliegenden Punkte lassen sich dann in homogenen Koordinaten $\left[\mathbf{x}_W{}^T, 1\right]^T$ mit den beiden Transformationen

$$\mathbf{T}^{\mathcal{W}\mathcal{K}} = \begin{pmatrix} 1 & 0 & 0 & 0 \\ 0 & 1 & 0 & 0 \\ 0 & 0 & 0 & 1 \\ t_x^{\mathcal{W}\mathcal{K}} & t_y^{\mathcal{W}\mathcal{K}} & t_z^{\mathcal{W}\mathcal{K}} & 1 \end{pmatrix}, \quad \mathbf{R}^{\mathcal{W}\mathcal{K}} = \begin{pmatrix} \cos\left(\phi_{z_W}^{\mathcal{W}\mathcal{K}}\right) & 0 & -\sin\left(\phi_{z_W}^{\mathcal{W}\mathcal{K}}\right) & 0 \\ 0 & 1 & 0 & 0 \\ \sin\left(\phi_{z_W}^{\mathcal{W}\mathcal{K}}\right) & 0 & \cos\left(\phi_{z_W}^{\mathcal{W}\mathcal{K}}\right) & 0 \\ 0 & 0 & 0 & 1 \end{pmatrix}$$

ins Kamerakoordinatensystem überführen:

$$\mathbf{x}_K = \mathbf{R}^{\mathcal{W}\mathcal{K}} \cdot \left(-\mathbf{T}_{\text{trans}}^{\mathcal{W}\mathcal{K}}\right) \cdot \mathbf{x}_W .$$

Damit liegen Referenzdaten für die Translation und die Rotation des Kopfes in $\mathcal{K}$ vor und es kann die Kopfpose bestimmt werden.

Bestimmung des Kopfposenvektors

Durch die Bestimmung der Orientierung der aus den acht Markern der Markerhalterung bestimmten Ebene im gewählten Koordinatensystem lassen sich die gesuchten Drehwinkel berechnen, während sich die Verschiebungen aus den 3D-Koordinaten der Markerpunkte direkt ergeben. Dabei werden die Markerpositionen im Raum durch Transformation an eine bekannte Referenzposition von Punkten angepasst. Als Referenzposition werden hier die Ausgangsposition der Marker $\left[x_K^0, y_K^0, z_K^0\right]_i^T$ zum Abtastzeitpunkt $n = 1$ in $\mathcal{K}$ gewählt.

Die Berechnung der Orientierung und Translation der Marker wird als Starrkörperbewegung modelliert [2]. Mit Hilfe der auf den Ursprung transformierten jeweils acht Punkte $\mathbf{x}_{K,c}^n$ und $\mathbf{x}_{K,c}^0$ zum Abtastzeitpunkt n bzw. 0 wird die Korrelationsmatrix

$$\mathbf{H} = \sum_i^8 \left[\mathbf{x}_{K,c}^n \left(\mathbf{x}_{K,c}^0\right)^T\right]_i \tag{1}$$

definiert. Die 3×3-Drehmatrix $\mathbf{R}^n$ kann dann durch Singulärwertzerlegung von $\mathbf{H}$

$$\left[\mathbf{U}, \Lambda, \mathbf{V}^{\mathrm{T}}\right] = \mathrm{SVD}\{\mathbf{H}\}, \tag{2}$$

wobei $\mathrm{SVD}\{\cdot\}$ den Operator der Singulärwertzerlegung darstellt, bestimmt werden:

$$\mathbf{R}^n = \mathbf{V}\mathbf{U}^{\mathrm{T}}. \tag{3}$$

Der Zustandsvektor kann nun bestimmt werden: Die Drehwinkel ergeben sich aus den Elementen $\mathbf{R}^n_{(k,l)}$ der Drehmatrix $\mathbf{R}^n$

$$\omega_{\mathrm{x}} = \tan^{-1}\left(\frac{\mathbf{R}^n_{(3,2)}}{\mathbf{R}^n_{(3,3)}}\right), \quad \omega_{\mathrm{y}} = \tan^{-1}\left(\frac{\mathbf{R}^n_{(2,1)}}{\mathbf{R}^n_{(1,1)}}\right), \tag{4}$$

$$\omega_{\mathrm{z}} = \tan^{-1}\left(\frac{-\mathbf{R}^n_{(3,1)}}{\sqrt{\left(\mathbf{R}^n_{(1,1)}\right)^2 + \left(\mathbf{R}^n_{(2,1)}\right)^2}}\right), \tag{5}$$

und die Verschiebungsvektoren ergeben sich zu

$$\begin{pmatrix} t_{\mathrm{x}} \\ t_{\mathrm{y}} \\ t_{\mathrm{z}} \end{pmatrix} = -\mathbf{R}^n \begin{pmatrix} x^0_{\mathrm{K,c}} \\ y^0_{\mathrm{K,c}} \\ z^0_{\mathrm{K,c}} \end{pmatrix} + \begin{pmatrix} x^n_{\mathrm{K,c}} \\ y^n_{\mathrm{K,c}} \\ z^n_{\mathrm{K,c}} \end{pmatrix}. \tag{6}$$

5 Vergleich von Referenz- und Schätzdaten

Um die Anwendbarkeit der Referenzdaten zu zeigen, soll ein erscheinungsbasierter Algorithmus zur Schätzung der 3D-Kopfpose auf die Testdaten angewandt werden. Hierzu wird ein bereits implementierter Algorithmus verwendet, welcher in [7] detailliert beschrieben ist.

Ergebnisse
In Abb. 5 ist der Vergleich der Referenzdaten mit dem Ergebnis der erscheinungsbasierten 3D-Kopfposeschätzung unter Verwendung des in [7] beschriebenen Algorithmus gezeigt. Die Abbildung zeigt, dass sich eine qualitative sowie quantitative Auswertung mit Hilfe der erstellten Referenzdaten durchführen lässt. Insbesondere lässt sich im Vergleich zu bestehenden Datensätzen das Ergebnis der Translationsschätzung mit diesem Datensatz für beliebige Algorithmen auswerten.

6 Zusammenfassung

Der Beitrag stellt neben einer Methode zur Gewinnung von Referenzdaten auch Daten für die 3D-Kopfpose in einem Kamerakoordinatensystem, zusammen mit den extrinsischen und intrinsischen Kameraparametern, zur Verfügung, sodass eine Auswertung

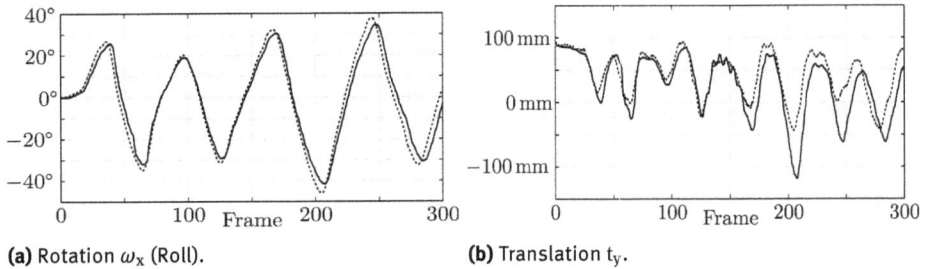

(a) Rotation ω_x (Roll). **(b)** Translation t_y.

Abb. 5. Vergleich Referenzdaten (gestrichelt) und Schätzung (durchgezogen) für eine Sequenz des Datensatzes.

in einem beliebigen System durchgeführt werden kann. Mit Hilfe der vorgestellten Methode sowie den erstellten Referenzdaten können Forscher auf Basis einer geplanten Veröffentlichung des Datensatzes ihre Ergebnisse der Kopfposenschätzung der Rotationen sowie der Translationen ohne Einflüsse von Kamera- oder Kalibrierungsparametern vergleichen.

Literatur

[1] Ascension Technology Corporation. Flock of Birds Tracker, Zuletzt zugegriffen April 2015. http://www.ascension-tech.com/.

[2] David W. Eggert, Adele Lorusso und Robert B Fisher. Estimating 3-D rigid body transformations: a comparison of four major algorithms. *Machine Vision and Applications*, 9(5-6):272–290, 1997.

[3] Wen Gao, Bo Cao, Shiguang Shan, Xilin Chen, Delong Zhou, Xiaohua Zhang und Debin Zhao. The cas-peal large-scale chinese face database and baseline evaluations. *Systems, Man and Cybernetics, Part A: Systems and Humans, IEEE Transactions on*, 38(1):149–161, 2008.

[4] Nicolas Gourier, Daniela Hall und James L Crowley. Estimating face orientation from robust detection of salient facial structures. *FG Net Workshop on Visual Observation of Deictic Gestures*, pages 1–9, 2004.

[5] Marco La Cascia, Stan Sclaroff und Vassilis Athitsos. Fast, reliable head tracking under varying illumination: An approach based on registration of texture-mapped 3d models. *Pattern Analysis and Machine Intelligence, IEEE Transactions on*, 22(4):322–336, 2000.

[6] Erik Murphy-Chutorian, Anup Doshi und Mohan Manubhai Trivedi. Head pose estimation for driver assistance systems: A robust algorithm and experimental evaluation. *Intelligent Transportation Systems Conference, 2007. ITSC 2007.*, pages 709–714, 2007.

[7] Sebastian Vater, Guillermo Mann und Fernando Puente León. A novel regularization method for optical flow based head pose estimation. In Jürgen Beyerer und Fernando Puente León (Hrsg.), *Automated Visual Inspection and Machine Vision*, volume 9530 of *Proceedings of SPIE*, Bellingham, WA, 2015. SPIE.

[8] Vicon Motion Systems Ltd. UK. Vicon MX System System Reference. Revision 1.4.

Thomas Nürnberg und Fernando Puente León

Das Raytracing-Verfahren als Simulations- und Entwurfswerkzeug einer Computational Camera

Zusammenfassung: Mit dem neuen Denkmuster des *Computational Imagings* hat sich beim Entwurf von Kameras vor allem für industrielle Anwendungen ein enormer Entwurfsspielraum eröffnet. Durch die teils hohe Komplexität und notwendige Präzision bei der Konstruktion von Prototypen ist es jedoch wünschenswert, Kameras vorab und während des Aufbaus simulieren zu können. Das Raytracing-Verfahren ist hierfür geeignet, da es ermöglicht, neue Kameratypen mit einem geringen Aufwand zu implementieren und gleichzeitig die Abbildungseigenschaften realitätsnah nachzubilden. Dieser Beitrag stellt die prinzipielle Funktionsweise der Kamerasimulation mittels des Raytracing-Verfahres sowie exemplarisch die Simulation einer Lichtfeldkamera vor.

Schlagwörter: Bildverarbeitung, Kamerasimulation, Computational Camera, Raytracing

1 Einleitung

Konventionelle Kameras unterliegen trotz des jahrzehntelangen technologischen Fortschritts stets einigen prinzipiellen Einschränkungen. Dies liegt unter anderem in dem mit der Projektion des Bildsignals auf den zweidimensionalen Sensor einhergehendem Informationsverlust begründet. Dieser Informationsverlust äußert sich beispielsweise in einer begrenzten Schärfentiefe und damit dem Verlust von Bildinformation in unscharf abgebildeten Bereichen. Insbesondere für industrielle Anwendungen ist es jedoch oftmals wünschenswert, die im Licht enthaltene Information nutzbar zu machen [2]. Methoden der digitalen Bildverarbeitung können, durch die Nutzung von Zusatzinformation, z. B. wie Modellannahmen über das ursprüngliche Signal bei einer Wiener-Filterung, den Auswirkungen nachträglich entgegenwirken. Die Methoden des *Computational Imagings* verfolgen den Ansatz, dem Informationsverlust bereits bei der Bildgewinnung zu begegnen.

Das Prinzip des *Computational Imagings* ist es, das optische Signal noch vor der Projektion und Digitalisierung zu verändern, damit die gewünschten Signalanteile mit dem Sensor erfasst werden und anschließend durch digitale Signalverarbeitung extrahiert werden können. Dies geschieht durch die Einbringung zusätzlicher optischer Komponenten wie z. B. Spiegel, Masken oder spezielle Beleuchtungen. *Compu-*

Thomas Nürnberg, Fernando Puente León: Institut für Industrielle Informationstechnik (IIIT), Karlsruher Institut für Technologie (KIT), Hertzstraße 16, 76187 Karlsruhe, Deutschland, mail: thomas.nuernberg@kit.edu, puente@kit.edu

DOI: 10.1515/9783110408539-016

tational Imaging kann also als Erweiterung der Signalverarbeitungskette auf die physikalische Domäne angesehen werden. Dabei werden die optische und digitale Signalverarbeitung so aufeinander angepasst, dass sich ein gegebenes Problem optimal lösen lässt.

Durch die Erweiterung des Entwurfsspielraums auf die physikalische Domäne ergeben sich zahlreiche neuartige Kamerakonzepte [7; 8]. Zhou und Nayar [8] stellen mögliche Konzepte, gegliedert nach den verwendeten Kamerakonzepten, vor. Eine Vielzahl der vorgeschlagenen Kameras erfordern einen hohen Aufwand bei der tatsächlichen Realisierung eines Prototyps, beispielsweise einen bewegten Fotosensor während der Bildaufnahme zur Verbesserung der Schärfentiefe [5] oder ein zusätzliches, präzise platziertes Linsenarray zur Erfassung des vierdimensionalen Lichtfelds [6].

Eine Simulation kann schon vor dem Aufbau eines Prototyps dabei helfen, die Funktion der entworfenen Kamera nachzuweisen. Während des Aufbaus eines Prototyps können weitere Parameter und die auf die Optik abgestimmte digitale Signalverarbeitung idealisiert betrachtet und weiter optimiert werden. Darüber hinaus können mit einer Simulation auf einfache Weise Referenzdaten erzeugt werden, mit denen die Ergebnisse der gesamten Signalverarbeitungskette verglichen werden können, um die Leistungsfähigkeit des Ansatzes vorab abschätzen zu können.

Ein geeignetes Simulationsverfahren muss in der Lage sein, den optischen Abbildungsprozess einer Kamera nachzubilden. Darüber hinaus ist ein geringer Aufwand bei der Implementierung und Optimierung neuer Kamerakonzepte wünschenswert. Im Bereich der Computergrafik ist hierfür das Raytracing-Verfahren ein weitverbreiteter Ansatz [3].

In Abschnitt 2 wird zunächst das Raytracing-Verfahren kurz allgemein vorgestellt. Anschließend werden in den folgenden zwei Abschnitten exemplarisch die Simulation einer Lichtfeldkamera erläutert und die Simulationsergebnisse diskutiert.

2 Das Raytracing-Verfahren

Das Raytracing-Verfahren beruht auf der Umkehrung des Lichtwegs, wie Abb. 1 schematisch für eine Lochkamera darstellt. Ausgehend vom optischen Zentrum der Kamera werden Lichtstrahlen konstruiert. Pro Strahl wird der Schnittpunkt mit dem nächstliegenden Objekt der Umgebung ermittelt. Abhängig von den simulierten Materialeigenschaften des Objekts, wie z. B. Art der Reflexion, werden von dort gegebenenfalls weitere Strahlen erzeugt. Diese Strahlen werden so lange weiter verfolgt, bis sie auf die Lichtquellen der Szene treffen. Mit der Beleuchtungsstärke, die aus der Lichtquelle, den Reflexionseigenschaften und der Farbe des getroffenen Objektes und gegebenenfalls weiteren Parametern wie der zurückgelegten Strecke resultiert, wird die Belichtung des entsprechenden Pixels berechnet. Das Vorgehen entspricht einer Abtas-

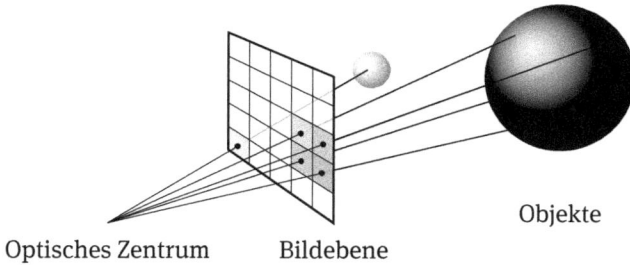

tung des orts- und winkelkontinuierlichen Lichtfelds, wobei mit steigender Anzahl der Stichproben die Approximationsqualität zunimmt.

Die Simulation lässt sich wie in Abb. 2 in die zwei abgeschlossenen Module der Kamera und der Umgebung aufteilen. Das erste Modul der Kamera erzeugt abhängig vom Kameratyp N Lichtstrahlen mit den Ortsvektoren $\mathbf{o}_i$ und den Richtungsvektoren $\mathbf{d}_i$ ($i = 1, \ldots, N$). Das zweite Modul berechnet für diese Lichtstrahlen die Wechselwirkung mit der Umgebung. Mit den daraus resultierenden Beleuchtungsstärken $E_{1,i}$ wird schließlich im Modul Kamera das Bild erzeugt. Der notwendige Detailgrad der Umgebungssimulation hängt dabei von der konkreten Anwendung ab. Verfahren die z. B. auf den spektralen Übertragungseigenschaften des abbildenden Systems beruhen, wie *Depth from Defocus* [4], setzen ein breitbandiges Anregungssignal voraus. Dies lässt sich unter anderem durch die Simulation texturierter Objekte bewerkstelligen.

Zur Simulation neuer Kameratypen muss lediglich im Modul der Kamera die Konstruktion der Lichtstrahlen angepasst werden. Die Simulation der Strahlen in der Umgebung ist von den Kameratypen unabhängig. Daher ist das Raytracing-Verfahren geeignet, um insbesondere strahlenbasierte Kamerakonzepte des *Computational Imagings*, und damit eine Vielzahl der vorgeschlagenen Ansätze [8], zu simulieren. Das Vorgehen wird im folgenden Abschnitt exemplarisch anhand einer Lichtfeldkamera beschrieben.

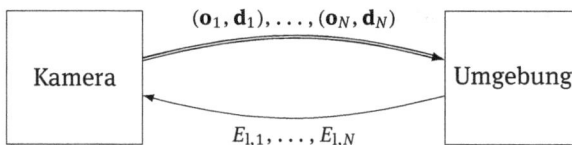

Abb. 2. Teilmodule bei der Simulation mit dem Raytracing-Verfahren.

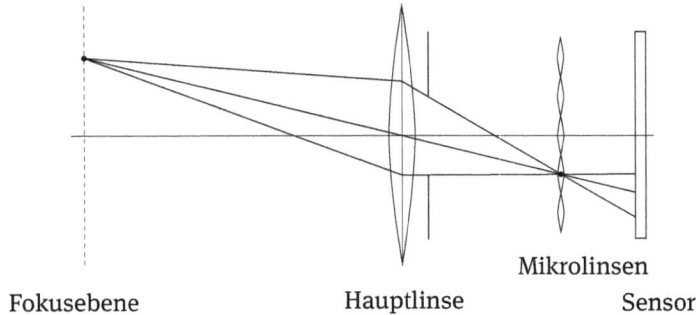

Abb. 3. Lichtfeldkamera nach Ng [6].

3 Simulation einer Lichtfeldkamera

Die von Adelson und Wang [1] vorgeschlagene und von Ng [6] implementierte plen-optische Kamera erfasst das vierdimensionale Lichtfeld, indem eine konventionelle Kamera um ein Array von Mikrolinsen erweitert wird. Der Aufbau ist in Abb. 3 darge-stellt. Das Linsenarray befindet sich vor dem Sensor und fächert das Licht aus unter-schiedlichen Richtungen auf unterschiedliche Pixel auf. Dadurch kann nachträglich die Richtungsinformation des Lichts gewonnen werden, die bei einer konventionellen Kamera verloren geht.

Bei der Simulation müssen lediglich Lichtstrahlen, die sowohl die Hauptlinse als auch das Linsenarray treffen, betrachtet werden, da nur diese zum Bild beitragen kön-nen. Die Simulation des objektseitigen Strahlengangs ist in Abb. 4a dargestellt. Zu-nächst werden ausgehend von einem Punkt $\mathbf{l}$ auf einer Mikrolinse der Mittelpunkt-strahl der Hauptlinse und dessen Schnittpunkt $\mathbf{p}$ mit der Fokusebene der Hauptlinse bestimmt. Alle Strahlen durch $\mathbf{p}$ werden von der Hauptlinse auf $\mathbf{l}$ abgebildet. Durch eine Abtastung der Hauptlinse lässt sich damit das einfallende Licht approximieren.

Zur Bestimmung des Beitrags eines Strahls auf dem Sensor muss die Änderung des Richtungsvektors $\mathbf{d}$ eines Lichtstrahls an der Mikrolinse betrachtet werden. Der Vektor wird wie in Abb. 4b in seine Radial-, Tangential- und Transversalkomponente bezüglich des lokalen Zylinderkoordinatensystems der Mikrolinse zerlegt:

$$\mathbf{d} = \mathbf{d}_{\text{rad}} + \mathbf{d}_{\text{tang}} + \mathbf{d}_{\text{trans}}. \tag{1}$$

Mit den Komponenten $\mathbf{d}_{\text{rad}}$ und $\mathbf{d}_{\text{trans}}$ kann anschließend die Ablenkung des Strahls durch die Mikrolinse in paraxialer Näherung mit

$$\begin{pmatrix} r_1 \\ \theta_1 \end{pmatrix} = \begin{pmatrix} 1 & 0 \\ -\frac{1}{f_{\text{ML}}} & 1 \end{pmatrix} \begin{pmatrix} r_0 \\ \theta_0 \end{pmatrix} \tag{2}$$

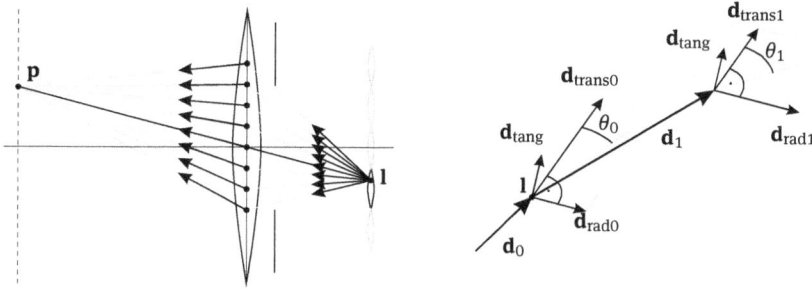

(a) Objektseitiger Strahlengang.

(b) Bildseitiger Strahlengang.

Abb. 4. Strahlengang der simulierten Lichtfeldkamera.

berechnet werden. Dabei bezeichnet r den Abstand zum Mittelpunkt und θ den Winkel zur optischen Achse der jeweiligen Mikrolinse und f_{ML} deren Brennweite. Die Tangentialkomponente $\mathbf{d}_{tang}$ wird durch die Linse nicht beeinflusst.

Mit dem bildseitigen Strahl kann das Pixel des Sensors, dem der Lichtbeitrag E_l aus der Umgebung beaufschlagt werden muss, durch einen Schnitt mit der Sensorebene berechnet werden. Um ein vollständiges Bild zu erzeugen, wird das beschriebene Vorgehen für jede Mikrolinse mit jeweils einer Vielzahl Stichproben durchgeführt.

4 Simulationsergebnisse

Das Ergebnis der Simulation einer Lichtfeldkamera ist in Abb. 5 angegeben. Die Szene zeigt vier Kegel, die in unterschiedlichen Entfernungen zur Kamera platziert sind. Hinter jeder Mikrolinse wird ein unterschiedlicher Ortsbereich der Szene abgebildet. Diese Abbilder geben die Ortsauflösung der Kamera wieder. Innerhalb der Abbilder werden die Lichtbeiträge der Szene aus unterschiedlichen Winkeln auf unterschiedliche Pixel abgebildet. Die Pixelauflösung der Abbilder der Mikrolinsen legt also die erzielbare Winkelauflösung der Kamera fest.

Die Fokusebene der Hauptlinse befindet sich in Abb. 5 zwischen den beiden mittleren Kegeln. Objekte vor der Fokusebene werden durch die Mikrolinsen seitenrichtig abgebildet, Objekte dahinter entsprechend seitenverkehrt. Dies kann an den zentralen Kegeln im vergrößerten Ausschnitt in Abb. 5 beobachtet werden.

Das aufgezeichnete Lichtfeld ist zumindest zur Betrachtung durch einen Menschen nicht geeignet. Aufgrund der zusätzlichen Winkelinformation lassen sich jedoch unmittelbar weitere Bilder erzeugen. Die Integration über den Winkel des einfallenden Lichts bei einer konventionellen Kamera lässt sich aus dem aufgezeichneten Lichtfeld durch eine Mittelung über alle Pixel pro Mikrolinsenabbild nachbilden.

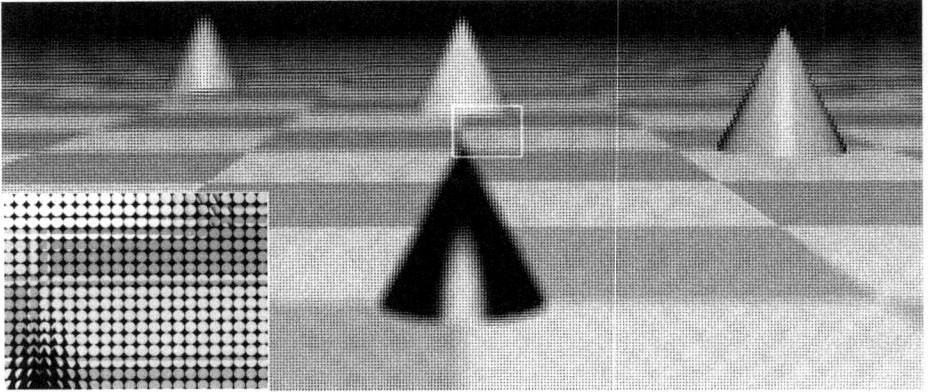

Abb. 5. Simulierte Aufnahme einer Lichtfeldkamera. Der markierte Ausschnitt ist zusätzlich vergrößert dargestellt.

Das Ergebnis dieser Mittelung aus Abb. 6a entspricht dem Bild einer konventionellen Kamera mit verringerter örtlicher Auflösung. Aufgrund der begrenzten Schärfentiefe werden die Kegel teilweise unscharf abgebildet.

Durch Abtastung jeweils eines Pixels pro Mikrolinsenabbild werden nur die Lichtbeiträge, die aus einer bestimmten Richtung auf die Mikrolinsen fallen, ausgewählt. Dies entspricht der Änderung des Blinkwinkels, unter dem die Szene beobachtet wurde, wie Abb. 6b und 6c verdeutlichen. Die sich aus der Abtastung der Pixel ergebende Subapertur ist wesentlich kleiner als die Apertur der Hauptlinse. Daher besitzen die so erzeugten Bilder eine im Vergleich zur konventionellen Kamera vergrößerte Schärfentiefe. Durch die insgesamt geringere Lichtmenge, die zur Formung dieser Bilder beiträgt, ist dies allerdings mit einem kleinen Signal-Rausch Verhältnis verbunden.

Durch eine weitere Verarbeitung lassen sich weiterführende nützliche Informationen, wie die Tiefe oder bei bekannter Beleuchtung die Reflektanzeigenschaften der

(a) Integration über Winkeldimension. **(b)** Blickwinkel von links. **(c)** Blickwinkel von rechts.

Abb. 6. Aus Lichtfeld extrahierte Abbildungen einer konventionellen Kamera.

Szene [2], aus dem Lichtfeld extrahieren. Damit lassen sich beispielsweise Prüfaufgaben in der industriellen Fertigung lösen.

5 Zusammenfassung

Durch das Aufkommen des *Computational Imagings* ergibt sich bei der Entwicklung neuer Kameras eine Vielzahl neuer Entwurfsmöglichkeiten. Das Raytracing-Verfahren kann zahlreiche dieser neuen Ansätze exakt nachbilden, wodurch es sich zur Simulation neuartiger Kameratypen eignet. Die vom Kameratyp abhängige Konstruktion des Strahlengangs ist beim Raytracing-Verfahren unabhängig von der Umgebungssimulation. Daher können mit einer bestehenden Raytracing-Simulationsumgebung neue Kameras mit geringem Aufwand implementiert und simuliert werden. Darüber hinaus kann durch die Möglichkeit, Referenzdaten simulativ zu erzeugen, die Leistungsfähigkeit der Kamera bewertet und optimiert werden. Dadurch kann insbesondere der Aufbau von Prototypen neuer und komplexer Computational Cameras unterstützt werden.

Literatur

[1]   E. H. Adelson und J. Y. A. Wang. Single lens stereo with a plenoptic camera. *IEEE Transactions on Pattern Analysis and Machine Intelligence*, 14(2):99–106, 1992.

[2]   J. Fehr und B. Jähne. Bilder berechnen – nicht nur aufnehmen. *Optik & Photonik*, 7(1):50–53, 2012.

[3]   A. S. Glassner. *An Introduction to Ray Tracing*. Morgan Kaufmann, London, 1989.

[4]   A. Levin, R. Fergus, F. Durand und W. T. Freeman. Image and depth from a conventional camera with a coded aperture. *ACM Transactions on Graphics*, 26(3), 2007.

[5]   H. Nagahara, S. Kuthirummal, C. Zhou und S. K. Nayar. Flexible depth of field photography. In *European Conference on Computer Vision (ECCV)*, 2008.

[6]   R. Ng, M. Levoy, M. Brédif, G. Duval, M. Horowitz und P. Hanrahan. Light field photography with a hand-held plenoptic camera. *Stanford University Computer Science Tech Report CSTR 2005-02*, 2:1–11, 2005.

[7]   G. Wetzstein, I. Ihrke, D. Lanman und W. Heidrich. State of the art in computational plenoptic imaging. In *STAR Proceedings of Eurographics*, 25–48, 2011.

[8]   C. Zhou und S. K. Nayar. Computational cameras: Convergence of optics and processing. *IEEE Transactions on Image Processing*, 20(12):3322–3340, 2011.

Pilar Hernández Mesa und Fernando Puente León

Normalenrichtung der Kontur als Formmerkmal zur Sortierung von Objekten für die inhaltsbasierte Bildsuche

Zusammenfassung: Um Objekte innerhalb einer Datenbank auf Basis ihrer Form nach Ähnlichkeit zu einem Anfrageobjekt zu sortieren, wird in diesem Beitrag ein Formmerkmal benutzt, das Informationen über die Richtung der Normalenvektoren entlang der Kontur verwendet. Diese werden mit einer speziellen Korrelation für Winkelgrößen untereinander verglichen, um eine Aussage über die Ähnlichkeit der Konturen zu treffen. Die Ergebnisse werden mit den Sortierungen aus Fourier-Deskriptoren verglichen.

Schlagwörter: Inhaltsbasierte Bildsuche, Formmerkmale, Fourier-Deskriptoren, Normalenrichtungen

1 Einleitung

In den letzten Jahren ist die Anzahl an digitalen Bildern enorm angestiegen. Diese beinhalten viele Informationen, die nur optimal genutzt werden können, wenn es geeignete Kriterien gibt, um die Bilder nach deren Inhalt zu durchsuchen. Hierfür müssen aus den Bildern geeignete Merkmale extrahiert werden. Merkmale, die aus der Form von Objekten gewonnen werden, finden in der Literatur oft Verwendung [5]. In diesem Beitrag werden zur Sortierung von Objekten auf Basis von Formmerkmalen Fourier-Deskriptoren mit Merkmalen, die aus den Normalenrichtungen entlang der Kontur extrahiert werden, verglichen (Kap. 3). Die untersuchten Ähnlichkeitsvergleiche pro Formdeskriptor können dem Kapitel 4 entnommen werden. Die Ergebnisse der Sortierung der Bilder für die unterschiedlichen Verfahren sowie Informationen zur verwendeten Datenbank und das Bewertungskriterium befinden sich in Kapitel 5. Kapitel 6 schließt den Beitrag mit einer Zusammenfassung und einem Ausblick ab.

2 Stand der Technik

Die Sortierung von Objekten aufgrund ihrer Formähnlichkeit bezogen auf ein Anfragebild wird seit einigen Jahren von vielen Forschern untersucht. Hierfür werden unterschiedliche Ansätze verwendet, ein Überblick befindet beispielsweise sich in [13].

Pilar Hernández Mesa, Fernando Puente León: Karlsruher Institut für Technologie, Hertzstraße 16, 76187 Karlsruhe, mail: pilar.mesa@kit.edu

DOI: 10.1515/9783110408539-017

In der Regel werden in einem ersten Schritt Merkmale aus der Kontur extrahiert, die im zweiten Schritt mit Hilfe eines Distanzmaßes verglichen werden, um eine Aussage über die Formähnlichkeit zwischen Objekten zu treffen. Es können sowohl Merkmale aus der Fläche des Objektes [12] wie auch aus der Kontur gewonnen werden [13]. Mahmoudi et al. suchen in einem ersten Schritt dominante Kanten [10]. Als Merkmal extrahieren sie Histogramme. Diese beinhalten die Anzahl an Kanten mit derselben Orientierung, die einen bestimmten Abstand voneinander besitzen. Belongie et al. verwenden ebenfalls Histogramme, um Konturen zu beschreiben [3]. Diese bestimmen die Anzahl an Punkten entlang der Kontur in der Nachbarschaft in Abhängigkeit von deren Winkel und Abstand zum aktuellen Punkt. Latecki et al. beschreiben die Konturen durch Punkte entlang der Kontur, von denen sie die relativen Winkel extrahieren. In deren Merkmal wird der Abstand zwischen solchen Punkten zusammen mit den relativen Winkeln berücksichtigt [9].

Zhang et al. [14] extrahieren unterschiedliche Beschreibungen aus Konturen, wie zum Beispiel eine komplexe Beschreibung durch Verbindung der x- und y-Koordinaten von Punkten zu einer komplexen Zahl oder den Abstand eines jeden Punktes vom Schwerpunkt des Objektes. Anschließend bilden sie die Fourier-Transformierte der Beschreibungen und vergleichen, wie geeignet die Beschreibungen für die Sortierung von Bildern sind, wenn sie mit der euklidischen Distanz verglichen werden. Bartolini et al. verwenden Fourier-Deskriptoren, um invariante Merkmale bezüglich Translationen, Rotationen und Skalierungen der Objekte zu bekommen. Um Konturen miteinander zu vergleichen, werden jedoch diese invarianten Merkmale zurück in den Ortsraum transformiert [2].

3 Formdeskriptoren

Jede Kontur eines Objektes kann durch Punkte $(x_0, y_0), \ldots, (x_{N-1}, y_{N-1})$ beschrieben werden. Hierbei ist (x_0, y_0) ein beliebiger Startpunkt. Die Reihenfolge der anderen Punkte ergibt sich durch Abtastung entlang der Kontur in einer vordefinierten Richtung. In den folgenden Abschnitten sind zwei Formdeskriptoren zu finden: die Fourier-Deskriptoren (Abs. 3.1) und Deskriptoren basierend auf den Normalenvektoren einer Kontur (Abs. 3.2).

3.1 Fourier-Deskriptoren

Die Informationen über die x- und y-Koordinaten der Punkte entlang der Kontur können zu einer komplexen Zahl zusammengefasst werden:

$$z(n) = x(n) + \mathrm{j}\, y(n), \qquad 0 \le n < N. \tag{1}$$

Somit beschreibt $\forall n$ $z(n)$ die Kontur mit komplexen Zahlen. Durch Anwendung der Fourier-Transformation werden die Fourier-Deskriptoren der Kontur erhalten [8]:

$$Z(k) = \mathrm{DFT}\{z(n)\}$$

$$= |Z(k)| \cdot \exp(\mathrm{j}\,\gamma(k)), \qquad -\frac{N}{2} \le k \le \frac{N}{2}, k \in \mathbb{Z}. \tag{2}$$

Eine Translation der Kontur bewirkt eine Änderung von $|Z(k)|$ an der nullten Frequenz. Wird eine Form mit dem Faktor a skaliert, so ändert sich der Betrag der Fourier-Koeffizienten ebenfalls um a. Die Rotation der Kontur um den Winkel γ_{rot} ändert die Phase der Fourier-Deskriptoren um γ_{rot}. Eine Änderung des Startpunktes bewirkt eine lineare Änderung der Phase [8].

3.2 Normalenrichtungen

Die Normalenvektoren einer kontinuierlichen Kontur $\mathbf{c}(t)$

$$\mathbf{c}(t) = \begin{pmatrix} x(t) & y(t) \end{pmatrix}^{\mathrm{T}} \tag{3}$$

werden folgendermaßen bestimmt [11]:

$$\mathbf{n}(t) = \begin{pmatrix} -\dot{y}(t) & \dot{x}(t) \end{pmatrix}^{\mathrm{T}}. \tag{4}$$

Im diskreten Fall erhalten wir den Normalenvektor der Kurve an der Stelle m, $m \in [0, N-1]$:

$$\mathbf{n}(m) = \begin{pmatrix} -(y(m+1) - y(m)) & (x(m+1) - x(m)) \end{pmatrix}^{\mathrm{T}}. \tag{5}$$

Als Formdeskriptor für die Normalenrichtung wird hier der Winkel der Normalenvektoren entlang der Kontur verwendet:

$$\varphi(n) = \angle\mathbf{n}(n). \tag{6}$$

Der Normalenrichtungsdeskriptor φ ist invariant zu Translationen und Skalierungen des Objektes. Eine Rotation bewirkt eine Änderung von φ um eine Konstante über alle Messpunkte. Eine Änderung des Startpunkts der Kontur bewirkt eine zyklische Verschiebung von φ entlang der n-Achse.

4 Ähnlichkeitsvergleiche

Bei der Sortierung einer Datenbank nach Ähnlichkeit zu einem Anfrageobjekt wird jedes Objekt der Datenbank mit dem Anfrageobjekt verglichen. Pro Vergleich wird ein Maß für die Ähnlichkeit der Bilder gewonnen. Die hier untersuchten Vorgehensweisen, um die Fourier-Deskriptoren beziehungsweise Normalenrichtungen der Formen zu vergleichen, sind in den Abschnitten 4.1 und 4.2 erläutert.

4.1 Vergleiche basierend auf Fourier-Deskriptoren

Seien Z^A und Z^V DFT-Spektren zweier zu vergleichender Objekte. Die nullte Frequenzkomponente ist zu 0 gesetzt worden, um Translationsinvarianz zu gewährleisten. Drei Merkmale M_1, M_2, M_3 werden in diesem Beitrag aus den DFT-Spektren zu Ähnlichkeitsvergleichen gewonnen (Kap 4.1.1, 4.1.2 und 4.1.3). Sie werden nach (7) verglichen ($M \in \{M_1, M_2, M_3\}$):

$$d^{FD}\left(Z^A, Z^V\right) = \left\|M^A - M^V\right\|_2, \tag{7}$$

wobei $\|\mathbf{x}\|_2$ die ℓ_2-Norm des Vektors $\mathbf{x}$ bezeichnet. Die Objekte werden als ähnlicher angenommen, je kleiner d^{FD} ist.

4.1.1 Skalierungsinvariante Fourier-Deskriptoren

Skalierungen der Form ändern bei Fourier-Koeffizienten ihren Betrag [8]

$$DFT\{a \cdot z(k)\} = a \cdot |Z(k)| \cdot \exp(j\,\gamma(k)). \tag{8}$$

Werden die Beträge der Fourier-Koeffizienten eines Objekts $Z(k)$ durch den Betrag an einer beliebigen Frequenz p normiert, so werden skalierungsinvariante Merkmale erhalten:

$$M_1(k) = \frac{|Z(k)|}{|Z(p)|} \cdot \exp(j\,\gamma(k)), \qquad \forall k. \tag{9}$$

4.1.2 Fourier-Deskriptoren mit normierter Energie

Merkmale mit normierter Energie werden durch die Normierung der Beträge der Fourier-Koeffizienten durch deren Energie gewonnen:

$$M_2(k) = \frac{|Z(k)|}{\sum_k |Z(k)|} \cdot \exp(j\,\gamma(k)), \qquad \forall k. \tag{10}$$

4.1.3 Skalierungs- und rotationsinvariante Fourier-Deskriptoren

Durch die folgenden Beziehungen werden translations-, rotations- und skalierungsinvariante Merkmale aus den Fourier-Koeffizienten erhalten [4]:

$$M_3(k) = \frac{|Z(k)|}{|Z(q)|} \cdot \exp[j \cdot (\gamma(k) + \alpha\gamma(r) - \beta\gamma(q))] \tag{11}$$

mit

$$\alpha = \frac{q-k}{r-q}, \qquad \beta = \frac{r-k}{r-q}, \qquad r = q+s, \qquad q \in \mathbb{N}_+. \tag{12}$$

s ist der Grad der gewünschten Rotationssymmetrie und wird hier zu eins gewählt. Für q werden drei Werte getestet:

a) $q = 1$
b) $q = j$ mit $|Z(j)| = \max_k |Z(k)|, j \in \mathbb{N}_+$
c) $q = j$ mit $|Z(j)| = \max_k |Z(k)|, j \in \mathbb{Z}$.

Obwohl laut [4] $q \in \mathbb{N}_+$ ausgewählt werden sollte, wird für die dritte Untersuchung $q \in \mathbb{Z}$ erlaubt.

4.2 Vergleich basierend auf den Normalenrichtungen der Kontur

φ^A sind die Normalenrichtungen der Kontur des Anfrageobjekts und φ^V die Normalenrichtungen der Kontur des Vergleichsobjekts.

Die Normalenrichtungen φ entlang einer Kontur sind 2π-zyklische Größen. Fisher und Lee [7] haben zum Vergleich 2π-zyklischer Größen $\varphi^A(n), \varphi^V(n), n \in [0, \ldots, N-1]$, folgende „Korrelation" vorgestellt:

$$\rho\big(\varphi^A, \varphi^V\big) = \frac{\displaystyle\sum_{i=0}^{N-2}\sum_{j=i+1}^{N-1} \sin\big(\varphi^A(i) - \varphi^A(j)\big) \cdot \sin\big(\varphi^V(i) - \varphi^V(j)\big)}{\sqrt{\displaystyle\sum_{i=1}^{N-2}\sum_{j=i+1}^{N-1} \sin^2\big(\varphi^A(i) - \varphi^A(j)\big)} \cdot \sqrt{\displaystyle\sum_{i=1}^{N-2}\sum_{j=i+1}^{N-1} \sin^2\big(\varphi^V(i) - \varphi^V(j)\big)}}. \tag{13}$$

Durch die Verwendung dieser zyklischen Korrelation sollen rotationsinvariante Vergleiche der Objekte ermöglicht werden. Da Änderungen der Startpunkte der Kontur eine zyklische Verschiebung der Normalenrichtungen entlang der n-Achse verursachen, wird zur Bestimmung des Ähnlichkeitsgrads $r^N\big(\varphi^A, \varphi^V\big)$ das Anfrageobjekt durch die Korrelation für zyklische Größen mit dem Vergleichsobjekt N-mal verglichen. Für jeden Vergleich werden die Normalenrichtungen des Vergleichsobjektes um eins zyklisch entlang der n-Achse verschoben. Die Ähnlichkeit zwischen den beiden Vergleichsobjekten ergibt sich zu:

$$r^N\big(\varphi^A, \varphi^V\big) = \max_h \rho\big(\varphi^A(n), \varphi^V(n+h)\big), \qquad 0 \le h \le N-1. \tag{14}$$

5 Ergebnisse

Das Potenzial der vorgestellten Methoden für die Sortierung von Objekten wird anhand der MPEG-7 CE-Shape-1 Datenbank [1] getestet. Sie besteht aus 70 Objektklassen mit jeweils 20 Bildern. Als richtiger Treffer eines Eingangsbildes werden hier alle Bilder innerhalb seiner Klasse definiert. Das Bewertungskriterium zum Vergleich der unterschiedlichen Ergebnisse wird im Abs. 5.1 erläutert und die Bewertungen sind in Abs. 5.2 zu finden.

Die Kontur der Objekte werden mit 101 Stützstellen beschrieben. Konturen mit mehr als 101 Stützstellen sind mit Hilfe der Fourier-Deskriptoren reduziert worden, um hochfrequente Anteile zu unterdrücken. Insgesamt wurden 6 Kombinationen der Methoden untersucht (siehe Tabelle 1).

Tab. 1. Untersuchte Vergleiche.

	FD1	FD2	FD3	FD4	FD5	N1
Fourier-Deskriptoren	x	x	x	x	x	
Normalenrichtungen						x
Vergleich gemäß Abs.	4.1.1	4.1.2	4.1.3a)	4.1.3b)	4.1.3c)	4.2

5.1 Bewertungskriterium

Precision ist ein Maß, um die Qualität von Klassifikatoren zu bewerten. Für inhaltsbasierte Sortiersysteme ergibt sich diese aus dem Quotienten der Anzahl richtiger Treffer innerhalb der angezeigten Bilder b_u geteilt durch die Anzahl der zurückgelieferten Bilder u [6]:

$$P^{\mathrm{Pre}}(u) = \frac{b_u}{u}. \tag{15}$$

Für jedes einzelne Bild wird eine *Precision* $P^{\mathrm{Pre}}(u)$ bestimmt. Innerhalb einer Objektklasse e wird das mittlere *Precision* $\overline{P^{\mathrm{Pre}}}(e, u)$ berechnet. Die Addition aller mittlerer *Precision*-Werte pro Objektklasse liefert ein Maß über die Qualität des untersuchten Verfahrens pro Objektklasse

$$P(e) = \sum_u \overline{P^{\mathrm{Pre}}(e, u)}. \tag{16}$$

Je höher $P(e)$, desto besser schneidet ein Verfahren ab. Der Mittelwert μ und die Standardabweichung σ werden aus $P(e)$ bestimmt, um die Güte der Verfahren zu bewerten. Je höher der Mittelwert, desto früher werden die guten Treffer gefunden. Weiterhin bedeutet eine möglichst kleine Standardabweichung eine große Robustheit bezüglich der Klassen.

5.2 Bewertungen

Die Mittelwerte und Standardabweichungen von $P(e)$ über alle Klassen sind der Tabelle 2 zu entnehmen. Es ist zu erkennen, dass die Verfahren basierend auf Fourier-

Tab. 2. Bewertungen der unterschiedlichen Verfahren.

	FD1	FD2	FD3	FD4	FD5	N1
μ	71,89	76,26	52,86	51,87	75,35	80,66
σ	24,78	20,64	21,42	21,50	26,22	21,93

Deskriptoren einen schlechteren Mittelwert μ erreichen als das Verfahen basierend auf den Normalenrichtungen der Konturen. Weiterhin zeigen die großen Standardabweichungen σ der Ergebnisse der Fourier-Deskriptoren mit den größten Mittelwerten μ, bezogen auf die Objektklasse, eine erhöhte Empfindlichkeit. Eine Ausnahme stellt die Kombination **FD2** dar, die eine kleinere Standardabweichung hat, als das Verfahren basierend auf den Normalenrichtungen der Kontur. Allerdings ist der erreichte Mittelwert μ von **FD2** schlechter als der von **N1**.

6 Zusammenfassung und Ausblick

In diesem Beitrag wurde die Sortierung von Objekten anhand deren Kontur untersucht. Als Formdeskriptoren werden Fourier-Deskriptoren sowie Normalenrichtungen der Konturen verwendet. Aus den Fourier-Deskriptoren wurden unterschiedliche Merkmale extrahiert, um die Distanz zwischen den Objektformen zu bestimmen. Für die Deskriptoren basierend auf den Normalenrichtungen der Konturen wurde zum Vergleich der Konturen eine für Winkelgrößen angepasste Korrelation verwendet. Die Ergebnisse zeigen, dass die Normalenrichtungen der Kontur für die inhaltsbasierte Bildsuche geeigneter sind als die Merkmale, die von Fourier-Deskriptoren abgeleitet werden.

Konturen von ähnlichen Objekten werden ähnliche Bereiche in den Normalenrichtungen zeigen. Die Länge dieser Bereiche kann allerdings unterschiedlich sein, was zu einer Verschlechterung des Ähnlichkeitsmaßes führen kann. Die Anpassung der Segmentlängen wird in folgenden Arbeiten untersucht.

Literatur

[1]   MPEG-7 CE-Shape-1 Dataset. http://www.cis.temple.edu/~latecki/.

[2]   Ilaria Bartolini, Paolo Ciaccia und Marco Patella. Warp: Accurate retrieval of shapes using phase of Fourier descriptors and time warping distance. *IEEE Trans. Pattern Analysis and Machine Intelligence*, 27(1):142–147, 2005.

[3]   Serge Belongie, Jitendra Malik und Jan Puzicha. Shape matching and object recognition using shape contexts. *IEEE Trans. Pattern Analysis and Machine Intelligence*, 24(24):509–522, 2002.

[4]   Hans Burkhardt. *Transformationen zur lageinvarianten Merkmalgewinnung.* PhD thesis, Düsseldorf, 1979. Zugl.: Karlsruhe, Univ., Fak. für Maschinenbau, Habil.-Schr., 1979.

[5]   Ritendra Datta, Jia Li und James Z. Wang. Content-based image retrieval: approaches and trends of the new age. In *Proceedings of the 7th ACM SIGMM International Workshop on Multimedia Information Retrieval*, pages 253–262. ACM, 2005.

[6]   Yining Deng, B.S. Manjunath, Charles Kenney, Michael S. Moore, und Hyundoo Shin. An efficient color representation for image retrieval. *IEEE Trans. Image Processing*, 10(1):140–147, 2001.

[7]   N. I. Fisher und A. J. Lee. A correlation coefficient for circular data. *Biometrika*, 70(2):327–332, 1983.

[8]   Rafael C. Gonzalez und Richard E. Woods. *Digital image processing.* Addison-Wesley, 1993.

[9]   Longin Jan Latecki und Rolf Lakämper. Shape similarity measure based on correspondence of visual parts. *IEEE Trans. Pattern Analysis and Machine Intelligence*, 22(10):1185–1190, 2000.

[10] Fariborz Mahmoudi, Jamshid Shanbehzadeh, Amir-Masoud Eftekhari-Moghadam und Hamid Soltanian-Zadeh. Image retrieval based on shape similarity by edge orientation autocorrelogram. *Pattern recognition*, 36:1725–1736, 2003.

[11] Gerhard Merziger, Günter Mühlbach, Detlef Wille und Thomas Wirth. *Formeln + Hilfen zur höheren Mathematik.* Binomi, Springer, 5.Auflage, 2007.

[12] Atul Sajjanhar und Guojun Lu. A grid-based shape indexing and retrieval method. *Australian Computer Journal*, 29(4):131–140, 1997.

[13] Dengsheng Zhang und Guojun Lu. Review of shape representation and description techniques. *Pattern recognition*, 37:1–19, 2004.

[14] Dengsheng Zhang und Guojun Lu. A comparative study of Fourier descriptors for shape representation and retrieval. In *Proc. 5th Asian Conference on Computer Vision*, 2002.

Ulrich Doll, Guido Stockhausen, Christian Willert und Jürgen Czarske

Analytische Modellierung der spektralen Verteilung der Rayleigh-Streuung zur Verringerung der Messunsicherheit bei der Bestimmung von Temperatur und Strömungsgeschwindigkeit

Zusammenfassung: Die Messung von Temperatur- und Geschwindigkeitsfeldern spielt eine wichtige Rolle in der Energie- und Verfahrenstechnik, beispielsweise um den Wirkungsgrad von Kraftwerken zu steigern. Mit optischen Verfahren können hochaufgelöste Messungen von Strömungen vorgenommen werden, aber üblicherweise sind Partikel für die Lichtstreuung einzubringen. In diesem Beitrag wird eine neuartige Methode vorgestellt, die keinerlei Streupartikel benötigt und eine gleichzeitige flächige Messung von Druck, Temperatur und Geschwindigkeit erlaubt. Die Methode basiert auf der spektralen Auswertung von gefilterter Rayleigh-Streuung. Die Reduzierung der Messunsicherheit mittels einer analytischen Modellfunktion und der Methode der kleinsten Fehlerquadrate wird dargelegt.

Schlagwörter: Laseroptische Methode, analytisches Modell, Temperatur, Geschwindigkeit, Rayleigh-Streuung, Strömungsuntersuchung

1 Einleitung

Laseroptische Messverfahren haben mittlerweile weite Verbreitung in der experimentellen Strömungsdiagnostik gefunden. Sie sind in der Lage, experimentelle Ergebnisse unter minimaler Beeinflussung des untersuchten Strömungsphänomens bereitzustellen. Insbesondere laseroptische Geschwindigkeitsmessverfahren, eindimensionale wie Laser Doppler Velocimetry (LDV) [1] oder planare wie Particle Image Velocimetry (PIV) [15] und Doppler Global Velocimetry (DGV) [10; 18] sind in diesem Zusammenhang hervorzuheben. Dabei reicht das Anwendungsspektrum dieser Messverfahren von der Vermessung von Schallschnellefeldern [5; 8] bis hin zur tomographischen Charakterisierung von Strömungsfeldern [7] mit Abtastraten von bis zu 1 kHz [3]. Die genannten Messverfahren haben gemein, dass die untersuchte Strömung mit klei-

Ulrich Doll, Guido Stockhausen, Christian Willert: Deutsches Zentrum für Luft- und Raumfahrt e.V. (DLR), Institut für Antriebstechnik, Triebwerksmesstechnik, Linder Höhe, 51147 Köln, mail: ulrich.doll@dlr.de
Jürgen Czarske: Technische Universität (TU) Dresden, Fakultät Elektrotechnik und Informationstechnik, Professur für Mess- und Sensorsystemtechnik, 01062 Dresden

DOI: 10.1515/9783110408539-018

nen Partikeln versetzt und ein Probevolumen oder Messfeld mit Laserlicht beleuchtet wird. Das an den mit der Strömung mitbewegten Partikeln gestreute Laserlicht wird anschließend mit einem Detektor registriert und entsprechend des zugrundeliegenden Messprinzips als Strömungsgeschwindigkeit interpretiert. Dabei wird die Geschwindigkeit des Fluids innerhalb des Probevolumens oder an einem Punkt des Messfelds nicht direkt gemessen, sondern indirekt über die Geschwindigkeit der mitbewegten Teilchen. Darum muss sichergestellt sein, dass die Teilchen der Strömung in ausreichendem Maße folgen und somit die gemessene Partikelgeschwindigkeit die Geschwindigkeit des umgebenden Fluids widerspiegelt [15].

Im Vergleich zu den gut etablierten Geschwindigkeitsmessverfahren kommen die wenigen laseroptischen Temperaturmessverfahren nur selten zum Einsatz. Statt die Strömung mit Teilchen zu versetzen machen sich diese Verfahren spektrale Eigenschaften des an Gasmolekülen im Probevolumen gestreuten Laserlichts zunutze. Vor allem das eindimensionale Coherent anti-Stokes Raman Scattering (CARS) [17] Messverfahren hat aufgrund seiner Robustheit einige Verbreitung in der Strömungs- und Verbrennungsdiagnostik gefunden. In Verbrennungsumgebungen können, wie in [6] anhand der Fluoreszenzeigenschaften des OH-Radikals beschrieben, Laser Induced Fluorescence (LIF) Messmethoden zur flächigen Bestimmung der Temperatur genutzt werden. Des Weiteren kann die als Rayleigh-Streuung bezeichnete elastische Molekülstreuung zur Ermittlung der Temperatur herangezogen werden [13; 20].

Als laserinduzierte Rayleigh-Streuung wird die elastische Streuung von Laserlicht an Atomen oder Molekülen bezeichnet. Dieses Streulicht enthält Informationen über Dichte, Druck, Temperatur und Geschwindigkeit (Dopplerverschiebung) eines betrachteten Molekülensembles [12]. Als flächiges Temperaturmessverfahren wurde die laserinduzierte Rayleigh-Streuung vor allem in Verbrennungsumgebungen zum Einsatz gebracht [13; 14; 20]. Trotz der teils geringen Messunsicherheiten der Messtechnik bei der Bestimmung der Temperatur eignet sich das Messverfahren nicht für die Anwendung unter Prüfstandsbedingungen. Diese Messaufgaben gehen meist mit eingeschränkter optischer Zugänglichkeit sowohl laser- als auch detektorseitig einher. Insbesondere an Fenstern oder Wänden gestreutes Laserlicht ist um viele Größenordnungen stärker als das eigentliche Messsignal. Zudem führen technische Strömungen meist Staub- oder Rußpartikel mit sich. An diesen Partikeln gestreutes Laserlicht (Mie-Streuung) kann die mittels laserinduzierter Rayleigh-Streuung gewonnenen Messdaten bis zur Unbrauchbarkeit verfälschen bzw. bei hoher Partikelbelastung eine Messung gänzlich unmöglich machen. Um die Eigenschaften der laserinduzierten Rayleigh-Streuung unter diesen Bedingungen dennoch nutzbar zu machen, kann alternativ die gefilterte Rayleigh-Streuung (FRS) [11], erweitert um die Frequenzscan-Methode [2; 4] verwendet werden. Die FRS-Messtechnik macht sich die spektralen Eigenschaften der intensiven Streuung von Oberflächen und großen Partikeln einerseits und die der Rayleigh-Streuung andererseits zunutze. Das Messverfahren nutzt die Absorptionsbanden atomarer bzw. molekularer Gase, um diese starken Falschlichtanteile aus dem Messsignal zu filtern.

Grundlage der Bestimmung von Dichte, Druck, Temperatur und Dopplerverschiebung mittels der FRS-Messtechnik bildet die Beschreibung der spektralen Verteilung der Rayleigh-Streuung mittels eines geeigneten physikalischen Modells. Das sogenannte S6-Modell nach Tenti [21] hat sich in diesem Zusammenhang als Standard etabliert. Jedoch birgt das Modell einige Aspekte, die zu einer Erhöhung der systematischen Unsicherheit bei der Bestimmung der Messgrößen beitragen können. Zum Ersten wird inelastische Lichtstreuung (Rotationsramanstreuung) durch das Modell nicht abgebildet [23; 24]. Zum Zweiten finden eine ganze Reihe stoffgebundener Transportgrößen Eingang in das Modell, die ihrerseits mit Teils erheblichen Unsicherheiten behaftet sind [16]. Die Reduzierung des systematischen Unsicherheit aufgrund der Modellierung der spektralen Verteilung der Rayleigh-Streuung erfolgt nun in zwei Schritten. Im ersten Schritt soll eine analytische Modellfunktion an das S6-Modell für einen weiten Parameterbereich angepasst werden. Anhand eines Freistrahlexperiments sollen qualitativ hochwertige Daten aufgenommen werden. Dabei können Strömungsgeschwindigkeit und Temperatur im Potentialkern des Freistrahls aufgrund der Isentropenbeziehungen berechnet werden [19]. Diese theoretisch ermittelten Werte dienen im zweiten Schritt dazu, die Modellparameter der analytischen Funktion und damit die spektrale Form der Rayleigh-Streuung mittels der Methode der kleinsten Fehlerquadrate an die aus dem Freistrahlexperiment gewonnenen Messdaten anzupassen.

2 Messprinzip und Modellfunktion

Rayleigh-Streuung entsteht bei der Streuung von Licht an Atomen oder Molekülen. Das spektrale Profil dieses elastischen Streuprozesses trägt Informationen über Dichte, Temperatur, Druck und Geschwindigkeit des betrachteten Molekülensembles. Dabei tritt aufgrund der thermischen Bewegung der Moleküle ein breitbandiges Spektrum auf, dessen Mitte auf die Strömungsgeschwindigkeit, dessen Amplitude auf die Dichte und dessen Form auf die Temperatur und den Druck innerhalb des Probevolumens schließen lässt [12].

Wie weiter oben bereits angedeutet, wird die laserinduzierte Rayleigh-Streuung meist von um viele Größenordnungen stärkerem Falschlicht überstrahlt. Abb. 1, (*links*) zeigt die spektrale Antwort eines mit schmalbandigem Laserlicht beleuchteten Volumens. Während Laserlicht, welches von Oberflächen (geometrisch) oder großen Partikeln (Mie-Streuung) gestreut wird dieselben spektralen Eigenschaften der anregenden Lichtquelle besitzt, ist die Rayleigh-Streuung aufgrund der thermischen Molekülbewegung auf einige Gigahertz verbreitert. Die FRS-Messtechnik beruht nun auf der spektralen Filterung der schmalbandigen Falschlichtanteile des Streulichtspektrums. Dazu werden die Absorptionsbanden atomarer oder molekularer Gase im Bereich der anregenden Laserwellenlänge als Sperrfilter genutzt. Wird ein solcher Absorptionsfilter vor dem Detektor platziert, wird das aus dem betrachteten Volumenelement ge-

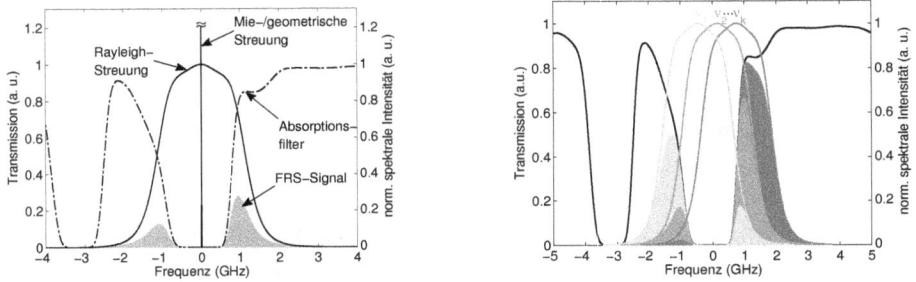

Abb. 1. (*Links*) Das Nutzsignal ist die aufgrund der thermischen Bewegung der Gasmoleküle spektral verbreiterte Rayleigh-Streuung. Schmalbandiges Laserlicht, welches von großen Partikeln (Mie) oder Oberflächen (geometrisch) gestreut wird, wird absorbiert, während die Rayleigh-Streuung den molekularen Filter anteilig passiert. (*Rechts*) Frequenzscan-Methode: Der Laser wird mehrmals entlang der Transmissionskurve des molekularen Filters in seiner Frequenz verstimmt, um eine Vielzahl von unterschiedlichen spektral gefilterten Messungen vorzunehmen. Farbkodiert ist die spektrale Änderung für die Frequenzverschiebungen des Lasers dargelegt.

streute Licht mit dem Transmissionsprofil des Absorptionsfilters überlagert. Anteile des Spektrums, die sich innerhalb des Blockbereichs des Filters befinden, werden absorbiert. Dies beinhaltet zum einen die Mie- und die geometrischen Streulichtanteile, zum anderen jedoch auch einen beträchtlichen Anteil der Rayleigh-Streuung. Die verbleibenden Anteile des Rayleigh-Streuspektrums, die den Filter an den Flanken passieren, formen das eigentliche FRS-Messsignal, welches Informationen bezüglich Dichte, Druck, Temperatur und Strömungsgeschwindigkeit beinhaltet.

Um die FRS Messtechnik als bildgebendes Verfahren zu betreiben, wird der einfallende Laserstrahl mittels einer geeigneten Optik zu einem Lichtband aufgeweitet. Zudem werden meist CCD-Kameras zu Detektion des Streulichts verwendet. Diese können nicht zwischen spektralen Komponenten eines Lichtsignals unterscheiden, sondern liefern nur dessen integralen Wert als Intensität pro Bildpunkt. Um nun die spektrale Information über die Messgrößen zu bewahren, ist die oben bereits erwähnte Frequenzscan-Methode ein möglicher Lösungsweg. Entsprechend Abb. 1, (*rechts*) wird die Frequenz des Lasers entlang der Absorptionslinie des molekularen Filters verstimmt. Für einen stationären Prozess, bzw. im zeitlichen Mittel, bleibt die spektrale Form der Rayleigh-Streuung für alle Scanfrequenzen erhalten. Die FRS-Streulichtintensität hingegen, die sich aus den spektralen Komponenten der Rayleigh-Streuung, welche den molekularen Filter passieren, zusammensetzt, verändert sich mit der Frequenz. Wenn nun zu jedem Frequenzschritt ein Datenbild erzeugt wird, resultiert dies in Intensitätsspektren in jedem Bildpunkt der Kamera, die gemäß des Ausdrucks [2; 4]

$$S_{ijk}(X, Y, v_{0,k}) = R_{ij}I_0\left(n_{ij}\sigma\left[\int_{-\infty}^{\infty} r_{ij}(X, Y)\tau(v + \Delta v_{ij})dv\right]_k + C_{t,ij}\right) \quad (1)$$

beschrieben werden können. Der Index k bezeichnet den jeweiligen Frequenzschritt. Der erste Term in Klammern der rechten Seite repräsentiert die Rayleigh-Streuung. n_{ij} is die Teilchendichte und σ ist der Streuquerschnitt der untersuchten Gasspezies. Diese werden mit dem Faltungsintegral der spektralen Verteilung der Rayleigh-Streuung r_{ij} mit dem Transmissionsprofil des molekularen Filters τ multipliziert. X und Y sind dimensionslose Eingangsparameter des S6 Modells. In ihnen spiegeln sich die Abhängigkeiten des Rayleigh-Streulichtspektrums in Bezug auf Druck und Temperatur wider. Δv_{ij} ist die Dopplerverschiebung des gestreuten Lichts aufgrund der Strömungsgeschwindigkeit. $C_{t,ij}$ beinhaltet Hintergrundlicht, welches an den optischen Komponenten innerhalb des Kamerasystems erzeugt wird. Der Ausdruck in Klammern wird mit einem Parameter R_{ij}, der die optische Effizienz des Aufbaus beschreibt und mit der einfallenden Intensität des Lasers I_0 multipliziert. Aus den so gewonnenen Intensitätsspektren können nun theoretisch sowohl die Kalibrierungsparameter R_{ij} und $C_{t,ij}$, als auch die Strömungsgrößen Druck, Temperatur und eine Komponente der Strömungsgeschwindigkeit (über die Dopplerverschiebung) für jeden Bildpunkt ij bestimmt werden.

3 Parametrisierung des S6-Modells

Die spektrale Form der Rayleigh-Streuung variiert sehr stark mit der lokalen Dichte, die im dimensionslosen Eingangsparameter Y des S6-Modells ihren Ausdruck findet. Während sich die Form des Rayleigh-Streuspektrums für kleiner werdende Y immer mehr einer Gaußverteilung annähert, bildet sich für steigende Y der charakteristische Dreizack aus zentralem Rayleigh-Peak und Brillouin-Seitenbändern aus [12]. Um dieses breite Spektrum an möglichen Formen abdecken zu können, wird analog zu [9; 22] die eigentliche Modellfunktion als Überlagerung dreier Funktionen modelliert

$$s_1(X, Y) = a_1\,e^{b_1 X^2} + \frac{1}{c_1 X^2 + d_1}, \qquad (2)$$

$$s_2(X, Y) = a_2\,e^{b_2(X+c_2)^2} + \frac{1}{d_2(X+c2)^2 + e_2(X+c_2) + f_2} + \dots$$
$$g_2\left(2a_2 b_2(X+c_2)\,e^{b_2(X+c_2)^2} - \frac{2d_2(X+c_2)+e_2}{d_2(X+c_2)^2 + e_2(X+c_2)+f_2}\right), \qquad (3)$$

$$s_3(X, Y) = a_2\,e^{b_2(X-c_2)^2} + \frac{1}{d_2(X-c_2)^2 + e_2(X-c_2) + f_2} + \dots$$
$$g_2\left(2a_2 b_2(X-c_2)\,e^{b_2(X-c_2)^2} - \frac{2d_2(X-c_2)+e_2}{d_2(X-c_2)^2 + e_2(X-c_2)+f_2}\right), \qquad (4)$$

wobei $a_1, b_1, c_1, d_1, a_2, b_2, c_2, d_2, e_2, f_2$ jeweils von Y abhängen. Das gesamte Spektrum ist eine Linearkombination dieser drei Anteile. Die Integrale mittels des S6-Modells generierter spektraler Profile sind auf eins normiert. Übertragen auf die analytische Modellfunktion ergibt sich diese schließlich zu folgendem Ausdruck:

$$s_{Mod}(X, Y) = \frac{s_1(X, Y) + s_2(X, Y) + s_3(X, Y)}{\int\limits_{-\infty}^{\infty} s_1(X, Y) + s_2(X, Y) + s_3(X, Y)} dX . \tag{5}$$

Gl. (5) zeigt im Intervall $-2,09 \leq X \leq 2,09$ eine sehr gute Übereinstimmung mit dem S6-Modell. Hingegen können dessen Flügel durch die Modellfunktion nur unzureichend wiedergegeben werden. Aus diesem Grund wird für die Modellierung der Bereiche $X < -2,09$ und $X > 2,09$ eine zusätzliche Funktion definiert:

$$s_{fl} = a_{fl} X^{b_{fl}} . \tag{6}$$

Die Parameter a_{fl} und b_{fl} der Flügelfunktion sind mit

$$s_{fl}(2,09) = s_{Mod}(2,09)$$
$$\frac{ds_{fl}}{dX}(2,09) = \frac{ds_{Mod}}{dX}(2,09) \tag{7}$$

eindeutig bestimmt.

4 Kalibrierung des analytischen Modells

4.1 Versuchsaufbau und Betriebsbedingungen

Wie bereits oben erwähnt wurde zur Gewinnung der Kalibrationsdaten für die Modellanpassung des analytischen Modells ein Freistrahlexperiment durchgeführt. Abb. 2 zeigt eine Skizze des Messaufbaus. Das Messsystem basiert auf einem Coherent Verdi V5 Nd: YVO_4 Dauerstrich-Festkörperlaser. Der Laser emittiert Licht bei 532 nm mit einer Bandbreite von unter 5 MHz und einer Ausgangsleistung von bis zu 6 W. Das Lasersystem bietet drei Möglichkeiten, seine Ausgangsfrequenz in einem Bereich von ca. 60 GHz zu verstimmen: Ein in die Kavität des Lasers eingesetztes heizbares Etalon für große Frequenzänderungen und zwei piezoelektrische Elemente. Durch Anlegen einer Hochspannung an die Piezoelemente im Bereich von 0 bis 100 V kann die Frequenz über eine Änderung der Resonatorlänge angepasst werden. Ein kleiner Teil des Laserlichts wird mittels einer Single-Mode-Faser in die Überwachungs- und Kontrolleinheit der Wellenlänge eingekoppelt. Diese besteht aus einem WSU10 Wavelengthmeter der Firma High Finesse, das mittels eines eingebauten PID-Reglers die Ausgangsfrequenz des Lasers über das erste Piezoelement mit einer relativen Abweichung kleiner 2 MHz stabilisiert. Die Langzeitstabilität der Ausgangsfrequenz wird über eine weitere Regelschleife gewährleistet, dessen Kontrollspannung das zweite Piezoelement steuert. Um eventuellen Schwankungen der Ausgangsleistung des Lasers zu begegnen,

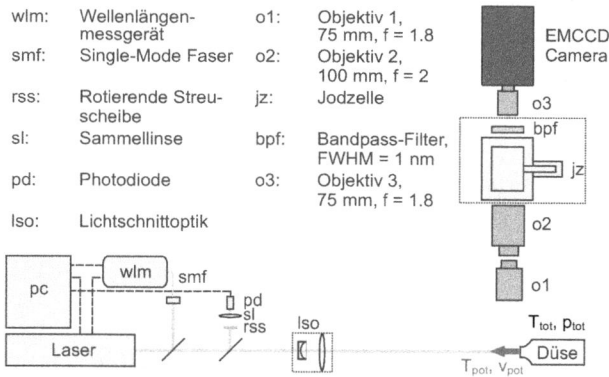

wlm: Wellenlängenmessgerät
smf: Single-Mode Faser
rss: Rotierende Streuscheibe
sl: Sammellinse
pd: Photodiode
lso: Lichtschnittoptik

o1: Objektiv 1, 75 mm, f = 1.8
o2: Objektiv 2, 100 mm, f = 2
jz: Jodzelle
bpf: Bandpass-Filter, FWHM = 1 nm
o3: Objektiv 3, 75 mm, f = 1.8

Abb. 2. Messaufbau des Freistrahlexperiments

müssen die gemessenen FRS-Intensitäten auf die Laserleistung normiert werden. Dazu wird ein kleiner Teil des Laserlichts mittels einer Glasplatte aus dem Hauptstrahl abgelenkt und auf eine rotierende Streuscheibe gerichtet. Diese dient zur Erzeugung einer homogenen und strukturlosen Intensitätsverteilung. Ein Teil des an der Scheibe gestreuten Lichts wird mittels einer Sammellinse auf eine Photodiode abgebildet. Mit diesem Aufbau kann die Laserleistung mit einer relativen Unsicherheit von unter 1 % gemessen werden. Die Bilddatenerfassung beruht auf einer back illuminated C9100-13 EM-CCD Kamera der Firma Hamamatsu. Der Detektor hat eine maximale Auflösung von 512 x 512 Pixelelementen bei einer Pixelgröße von 16 x 16 μ^2, die Quanteneffizienz ist größer als 90 % für grünes Licht. Die Kamera mit Objektiv ist mit einem Gehäuse verbunden, welches einen Bandpass-Filter der Firma Barr (FWHM 1 nm) und die Absorptionszelle enthält. Molekulares Jod wurde als Filtermedium ausgewählt, da es zahlreiche Transitionen im Bereich von 532 nm besitzt.

Für das Freistrahlexperiment wurde der Laser zu einem Lichtschnitt von ca. 32 mm Höhe und einer Dicke von 0,6 mm aufgeweitet. Der Detektor war senkrecht zur Lichtschnittebene orientiert und betrachtete ein Bildfeld von 25,6 x 25,6 mm^2. Die Kamera wurde mit einem 2 x 2 Hardwarebinning betrieben, somit betrug die räumliche Auflösung 0,1 mm pro Pixelelement. Es wurde für jeden Betriebspunkt ein Frequenzscan mit 32 Messfrequenzen durchgeführt, die Schrittweite zwischen zwei aufeinanderfolgenden Frequenzen betrug 60 MHz. Die Belichtungszeit pro Frequenz war 4 s. Um das Signal-Rausch-Verhältnis zu steigern, wurde der Frequenzscan für jede Betriebsbedingung dreimal wiederholt, die drei aufeinanderfolgenden Messungen wurden in der Auswertung zu einem gemittelten Datensatz zusammengefasst.

Die verwendete Düse hat einen Austrittsdurchmesser von 10 mm mit einem Kontraktionsverhältnis von 6. Für die vorliegenden Versuche wurde die Zuströmung mittels Druckluft realisiert. In Tab. 1 sind die hier untersuchten Betriebsbedingungen zu-

Tab. 1. Betriebsbedingungen des Freistrahlexperiments

Nr.	p_{tot} (hPa)	T_{tot} (K)	v_{pot} (m/s)	T_{pot} (K)
1	1031	296,0	49,9	294,7
2	1045	295,6	70,2	293,1
3	1075	295,0	98,3	290,2
4	1105	294,0	119,1	286,9
5	1135	294,2	136,3	284,9
6	1165	293,8	151,0	282,4

sammengefasst. In einer Ruhekammer vor der Expansion können der Totaldruck p_{tot} und die Totaltemperatur T_{tot} gemessen werden. Der statische Druck betrug 1015 hPa. Aus den in Tab. 1 zusammengefassten Werten für p_{tot} und T_{tot} und dem statischen Druck können nun entsprechend [19] die Geschwindigkeit in Hauptströmungsrichtung v_{pot} und die Temperatur T_{pot} im Potentialkern berechnet werden. Über die unterschiedlichen Betriebsbedingungen einerseits und über die Variation des Beobachtungswinkels über das Bildfeld des Detektors andererseits [12] konnte der Formparameter Y von 0,78 bis 0,87 variiert werden.

4.2 Ergebnisse

In Abb. 3 sind die Ergebnisse der Auswertung der FRS-Daten, zum einen mittels des S6-Modells, zum anderen mittels des kalibrierten analytischen Modells im Vergleich mit den mittels der Isentropenbeziehungen berechneten Werten für die 6 Betriebsbedingungen zu sehen. Die mit dem S6-Modell gewonnenen Ergebnisse weichen sowohl bezüglich der Geschwindigkeit als auch der Temperatur in hohem Maße von den theoretischen Vergleichswerten ab. Demgegenüber wurden die Abweichungen zwischen der Auswertung der FRS-Daten durch die Verwendung des kalibrierten analytischen Modells und den mittels der Isentropenbeziehungen berechneten Vergleichsgrößen erheblich reduziert. Diese liegen für alle Betriebsbedingungen für die Geschwindigkeit unter 1,4 m/s und für die Temperatur unter 1,2 K.

5 Fazit

Die Verwendung des Standardmodells für die spektrale Verteilung der Rayleigh-Streuung nach Tenti resultiert in teils erheblichen Abweichungen der mittels der FRS-Messtechnik ermittelten von den theoretisch Bestimmbaren Temperatur- und Geschwindigkeitswerten im Potentialkern eines Freistrahls. Durch die Verwendung eines kalibrierten analytischen Modells konnten diese Abweichungen in hohem Maße

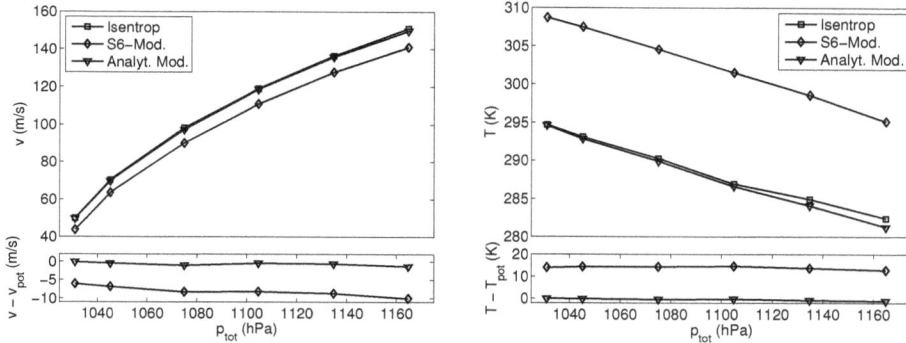

Abb. 3. (*Links*) Gemessene Strömungsgeschwindigkeit (in m/s) in Abhängigkeit vom Totaldruck (in hPa). Oben: Vergleich der Geschwindigkeit der Luftströmung, berechnet mittels der Isentropenbeziehungen (Quadrat), ausgewertet mittels S6-Modell (Diamant) sowie ausgewertet mittels des kalibrierten analytischen Modells (Dreieck). Unten: Differenz (Messabweichung) zwischen isentroper Geschwindigkeit und S6- Modell(Diamant)/kalibrierten analytischen Modell (Dreieck). (*Rechts*) Gemessene Temperatur der Luft (in K) in Abhängigkeit vom Totaldruck (in hPa). Oben: Vergleich der Temperatur der Strömung, berechnet mittels der Isentropenbeziehungen (Quadrat), ausgewertet mittels S6-Modell(Diamant), ausgewertet mittels des kalibrierten analytischen Modells (Dreieck). Unten: Differenz (Messabweichung) zwischen isentroper Temperatur und S6-Modell (Diamant)/kalibriertem analytischen Modell (Dreieck).

reduziert werden. Die in diesem Beitrag vorgestellte Methodik leistet zur Reduzierung der systematischen Messunsicherheit bei der Bestimmung von Temperatur- und Geschwindigkeitsfeldern mittels der FRS-Messtechnik einen wichtigen Beitrag.

Literatur

[1]   J W Czarske. Laser doppler velocimetry using powerful solid-state light sources. *Measurement Science and Technology*, 17(7):R71, 2006.

[2]   Ulrich Doll, Guido Stockhausen, and Christian Willert. Endoscopic filtered rayleigh scattering for the analysis of ducted gas flows. *Experiments in Fluids*, 55(3):1–13, 2014.

[3]   Andreas Fischer, Raimund Schlüßler, Daniel Haufe, and Jürgen Czarske. Lock-in spectroscopy employing a high-speed camera and a micro-scanner for volumetric investigations of unsteady flows. *Opt. Lett.*, 39(17):5082–5085, Sep 2014.

[4]   JN Forkey, ND Finkelstein, WR Lempert, and RB Miles. Demonstration and characterization of filtered rayleigh scattering for planar velocity measurements: Aerodynamic measurement technology. *AIAA journal*, 34(3):442–448, 1996.

[5]   D. Haufe, A. Schulz, F. Bake, L. Enghardt, J. Czarske, and A. Fischer. Spectral analysis of the flow sound interaction at a bias flow liner. *Applied Acoustics*, 81(0):47 – 49, 2014.

[6]   Johannes Heinze, Ulrich Meier, Thomas Behrendt, Chris Willert, Klaus-Peter Geigle, Oliver Lammel, and Rainer Lückerath. Plif thermometry based on measurements of absolute concen-

trations of the oh radical. *Zeitschrift für Physikalische Chemie International journal of research in physical chemistry and chemical physics*, 225(11-12):1315–1341, 2011.

[7] Joachim Klinner, Melanie Voges, and Christian Willert. Application of tomographic piv on a passage vortex in a transonic compressor cascade. In C.J. Kähler, R. Hain, C. Cierpka, B. Ruck, A Leder, and D. Dopheide, editors, *Lasermethoden in der Strömungsmesstechnik*, volume 21, pages 16–1, September 2013.

[8] Holger Konle, Anne Rausch, Andre Fischer, Ulrich Doll, Christian Willert, Oliver Paschereit, and Ingo Roehle. Development of optical measurement techniques for thermo-acoustic diagnostics: fibre-optic microphone, rayleigh-scattering, and acoustic piv. *International Journal of Spray and Combustion Dynamics*, 1(2):251–282, 2009.

[9] Yong Ma, Fan Fan, Kun Liang, Hao Li, Yin Yu, and Bo Zhou. An analytical model for rayleigh-brillouin scattering spectra in gases. *Journal of Optics*, 14(9):095703, 2012.

[10] James F Meyers and Hiroshi Komine. Doppler global velocimetry-a new way to look at velocity. In *Laser Anemometry-Advances and Applications 1991*, volume 1, pages 289–296, 1991.

[11] R. Miles and W. Lempert. Two-dimensional measurement of density, velocity, and temperature in turbulent high-speed air flows by uv rayleigh scattering. *Applied Physics B: Lasers and Optics*, 51:1–7, 1990. 10.1007/BF00332317.

[12] Richard B Miles, Walter R Lempert, and Joseph N Forkey. Laser Rayleigh scattering. *Measurement Science and Technology*, 12(5):R33, 2001.

[13] I. Namer and R. W. Schefer. Error estimates for rayleigh scattering density and temperature measurements in premixed flames. *Experiments in Fluids*, 3:1–9, 1985. 10.1007/BF00285264.

[14] S. Pfadler, M. Löffler, F. Dinkelacker, and A. Leipertz. Measurement of the conditioned turbulence and temperature field of a premixed bunsen burner by planar laser rayleigh scattering and stereo particle image velocimetry. *Experiments in Fluids*, 39(2):375–384, 2005.

[15] Markus Raffel, Christian E Willert, Jürgen Kompenhans, et al. *Particle image velocimetry: a practical guide*. Springer, 2013.

[16] Kyunil Rah and Byung Chan Eu. Density and temperature dependence of the bulk viscosity of molecular liquids: Carbon dioxide and nitrogen. *The Journal of Chemical Physics*, 114(23):10436–10447, 2001.

[17] Won B. Roh, Paul W. Schreiber, and J. P. E. Taran. Single-pulse coherent anti-stokes raman scattering. *Applied Physics Letters*, 29(3):174–176, 1976.

[18] I. Röhle. Three-dimensional doppler global velocimetry in the flow of a fuel spray nozzle and in the wake region of a car. *Flow Measurement and Instrumentation*, 7(3–4):287 – 294, 1996. Optical Methods in Flow Measurement.

[19] Ames Research Staff. Report 1135: Equations, tables, and charts for compressible flow. Technical report, Ames Aeronautical Laboratory, Moffett Field, California, 1953.

[20] G. Sutton, A. Levick, G. Edwards, and D. Greenhalgh. A combustion temperature and species standard for the calibration of laser diagnostic techniques. *Combustion and Flame*, 147(1-2):39–48, 2006.

[21] G. Tenti, CD Boley, and R.C. Desai. On the kinetic model description of Rayleigh-Brillouin scattering from molecular gases. *Canadian Journal of Physics*, 52(4):285–290, 1974.

[22] B. Witschas. Analytical model for rayleigh-brillouin line shapes in air. *Appl. Opt.*, 50(3):267–270, Jan 2011.

[23] Andrew T. Young and George W. Kattawar. Rayleigh-scattering line profiles. *Appl. Opt.*, 22(23):3668–3670, 1983.

[24] Qiuhua Zheng. Model for polarized and depolarized rayleigh brillouin scattering spectra in molecular gases. *Opt. Express*, 15(21):14257–14265, 2007.

Kittikhun Thongpull and Andreas König

An Emerging Framework for Automated Design of Multi-Sensor Intelligent Measurement Systems Applied to Lab-on-Spoon in Food Analysis

Abstract: This work presents the advance of an automated multi-sensor intelligent system design framework. Sensor configuration, dimensionality reduction and classification tasks of application specific measurement systems are designed autonomously on our framework. The inclusion of Self-X properties to the design of the system is proposed to the sensor configuration part. Multi-Objective optimization with a meta-heuristic search algorithm is applied in the framework aiming on the increase of recognition performance and measurement speed. We picked up the basic food analysis application design using LoX devices as a case study. The experimental results show the performance improvement of the designed systems, while the design effort has been significantly reduced. By using our framework, classification accuracy has been increased from 79.31 % to 100 % and the measurement time can be reduced to 18.75 % of the full bandwidth measurement. The next step of this work is to extend the framework with the choice of fitness functions and optimization algorithms along with the deployment of Self-X properties and the corresponding intrinsic evolution on sensorial hardware platforms.

Keywords: Design Automation, Multi-Sensor Intelligent System, Self-X, Lab-on-X

1 Introduction

The integration of intelligent multi-sensor measurement systems becomes an essential part of applications in Cyber Physical Systems (CPS), Ambient Intelligence/Ambient Assisted Living systems (AmI/AAL), and the Internet of Things (IoT). The realization of the system involves the intensive design of multi-channel sensor acquisition, multi-dimensional signal processing, and pattern recognition. These tasks impose significant effort on the designer, in particular, finding pertinent configurations and parameters which is a time-consuming process. Moreover, the quality of the solutions depends on the level of skill and experience of the designer which sometimes yields sub-optimal results at high cost. Human-centered design enhancement and replacement is our motivation that contributes to the design automation of

Kittikhun Thongpull, Andreas König: Institute of Integrated Sensor Systems, University of Kaiserslautern, mail: thongpull@eit.uni-kl.de

DOI: 10.1515/9783110408539-019

intelligent multi-sensory systems to provide high-quality measurement systems with the minimum design effort.

This work reports on the progressive implementation of the Design Automation for Intelligent COgnitive system with self-X properties: DAICOX [1] framework which is based on a methodology and tool implementation previously established in [2; 3]. In particular, the consideration of sustainability issues is incorporated to our approach by embedding the Self-X process on runtime platforms which allows in-the-loop optimization, or so-called intrinsic evolution, at operations time. Several case studies of cognitive application system design have been conducted in this work by using Lab-on-X (LoX) devices [4], autonomous measurement units of E-Taster system [5] for home-use food analysis, which deliver heterogeneous sensory data including impedance spectrum and multi-color information. The design including sensor configuration, dimensionality reduction, and classification performs autonomously with a multi-objective optimization. The Self-X concept on LoX allows reconfigurability of the sensor front-end to operate at the relevant frequency range obtained from bandwidth search optimization. In dimensionality reduction design, we consider feature weighting approach [6] as an alternative to feature selection approach which applies a factor to each feature with regards to its merit on recognition quality. Task specific fitness evaluation approach is proposed in this work to provide effective evaluation mechanism of design solutions in optimization processes. Particle Swarm Optimization (PSO) [7] is used for all optimization tasks in this work as it proved its ability in dealing with high dimensional and multi-modal problems, which is well suited for multi-spectral sensory information of LoX.

This paper is structured as follows. The next section explains the concept of the framework and application specific design flow. The third section provides the details of the framework implementation and design optimization. It is followed by the experiments section which reports the performance evaluations of the designed solutions.

2 DAICOX Framework for LoX Case Study

The advanced design automation of sensor configuration, dimensionality reduction, and classification are implemented in this work as an extension of our recent works [4; 1]. In particular, at each design step, a meta-heuristic search algorithm is employed to obtain promising solutions with the least possible design effort. The implemented application-specific automated design flow instantiated from the general DAICOX framework is illustrated in Fig. 1.

Automated Sensor Configuration: Setting relevant sensor parameters and configurations yield high consistency between physical properties and acquired data. In particular for impedance spectroscopy, we propose a procedure of finding an appropriate measuring frequency range that increases recognition performance, measure-

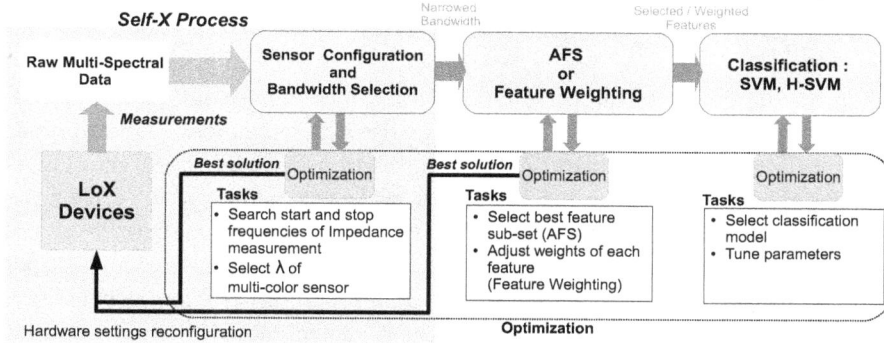

Fig. 1. The design flow for cognitive applications of LoX devices based on DAICOX framework

ment speed, and energy efficiency. Our approach potentially enables an intrinsic evolution [8] to the system by combining hardware reconfiguration with an effective optimization algorithm. The procedure carries out initial full spectrum measurements to find the relevant start and stop frequency of the sweeping process in impedance sensing unit for a particular recognition task. Then, the optimal frequency configurations are programmed to the sensor unit for the use in a run-time measurement. As a result, the frequency resolution of acquired impedance data will be significantly increased which gains the discrimination capability of the data.

Automated Dimensionality Reduction: The data from the bandwidth selection stage still may be redundant at some frequency points. Dimensionality Reduction (DR) is the task of removing redundant data as well as reducing computational effort. Two approaches for DR process, Automated Feature Selection (AFS) [3] and Automated Feature Weighting (AFW) [6], are investigated in this work. AFS approach constructs a subset of relevant features by inclusion and exclusion, or so-called binary selection, of a particular feature into the subset. AFW approach applies a weight factor to a feature corresponding to the contribution of the recognition performance. In addition, the pattern of selected features referring to the frequency points can also be programmed to the sensor unit to skip irrelevant measurement points. Thus, the DR process in our framework can potentially reduce the measurement time and energy consumption.

Automated Classifier Tuning: In the next step a classification unit has to be defined and and its parameters have to be determined with regard to maximum possible recognition rate and generalization capability at minimum effort and cost. Classification accuracy can be used either evaluate the performance the classifier itself or the overall system operation. In this work, classifier model and parameters are autonomously determined by a multi-objective optimization.

3 System Design Optimization

This section describes the implementation details of the design optimization process and the proposed design flow. In this work, we use a meta-heuristic search approach for optimization tasks as its efficiently tackles high dimensional and multi-modal problems at reasonable computational cost. In real-world optimization problems, the implementation of fitness evaluation is an essential part in optimization. We propose a task specific fitness evaluation mechanism as illustrated Fig. 2. The main purpose of the mechanism is to transform individual representations appropriately to fitness functions for a particular search problem. The design variables for a particular task will be represented by search individuals, i.e., particles in PSO. The value range of each variable, i.e., $[x_{min}, x_{max}]$, is specified with regard to the task which will be scaled to [0.0,1.0] range for internal procedures of PSO. For discrete value representations, e.g, binary bit pattern, we adapt the modification method form [9]. The data used in fitness evaluation process are partitioned with the same criteria in all design cases. First, the original data set is divided by using holdout sampling into two subsets for training and testing procedures. Then, k–fold Cross Validation (CV) method is applied to the train data set for model generation and validation. Multi-Objective approach is used in the multi-objective optimization which includes several measures, e.g., non-parametric overlap q_o [3], intra-class compactness q_c [3], acquisition cost C_{acq} [9] and Classification Accuracy (CA). We apply weighted agglomeration approach for the optimization where all weights are currently set ad-hoc to identical for all measures. The description of the automated design and optimization of LoX applications is given in more detail below.

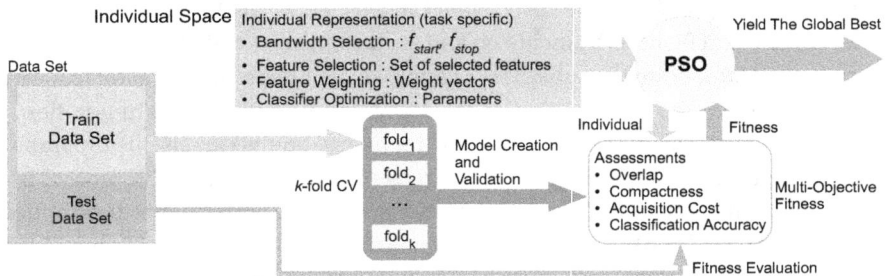

Fig. 2. Structure task specific fitness evaluation applied for design optimization in this work

Bandwidth Selection: Bandwidth selection searches for the optimal bandwidth within $[f_{start}, f_{stop}]$ frequency of sweeping procedures in impedance spectrum measurements. In this work, we investigate the approach by using recorded data from LoX devices. The search uses full spectrum information of magnitude and phase spectra to determine the frequency setting by using PSO. The settings are identical for phase and magnitude spectra in searching to be applicable for reprogramming of the sweeping frequency settings on the sensor unit. The data within the optimal frequency range will be transferred to dimensionality reduction design step.

Feature Selection: We implement a stochastic based automated feature selection by using the multi-objective PSO. The number of particles' dimensions is equal to the number of the original feature size. Each dimension is the interpretation of the inclusion of a feature in the feature subset. Thus, the different position of a particle represents the variation in the feature subset that aims to search toward the optimal subset. Due to the stochastic mechanism, PSO proves to be a faster choice than heuristic approaches especially for high dimensional data. The feature subset with best quality will be delivered to the classifier tuning phase.

Feature Weighting: The main processing steps in feature weighting are similar to the feature selection procedures, in contrast, the position of a particle are used as weight factors of the features instead of binary selection. The weight value is varied in the range of [0,1] for each feature by PSO based on its contribution to recognition performance. An additional step is to omit some redundant features for the aim of dimensionality reduction by using a certain threshold level which removes the unnecessary features. The feature subset as well as the weight vector will be used in the classifier tuning phase.

Classifier Tuning: The classifier tuning employs PSO to select a classifier and search for optimal classifier parameters. In this work, Support Vector Machine (SVM)[10] with Radial Basis Function kernel is applied for classification tasks. Two importance parameters, C and γ, are needed to be set properly. PSO is used to find the optimal value of these parameters with regards to classification performance.

4 Experiments

Three different design configurations have been investigated in the experiments of cognitive application design with LoX device. The first was based on manual design approach where no optimization was performed. The second and the third were conducted by the described framework with feature selection and feature weighting approach, respectively. Two LoX devices, i.e., Lab-on-Spoon (LoS) and Lab-on-Fork (LoF), were used to obtain the data sets from several basic food analysis scenarios. The details of the data sets are given in Tab. 1. The data sets contain 3 and 16 values from a RGB and multi-color sensor on LoS and LoF, respectively, and 512 complex impedance values giving total of 1040 features of the original data.

Two additional parameters are included in the standard PSO procedure to enhance particle dynamics as suggested in [7]. Maximum velocity v_{max} prevents aggressive movement of particles. Weight decaying approach [7] ensures convergence of the

Table 1. Data sets description

Data set	No. of (class; sample)	Device	Description
LoS all	17; 510	LoS	Liquid analysis from all data used in [1]
Wine contam.	11; 330	LoS	Contamination analysis of wine [4]
Milk aging	4; 120	LoS	Degradation analysis of milk [4]
Salt adulteration	3; 90	LoF	Salt and salt mixed with chalk powder
Powder analysis	9; 270	LoF	9 types of food ingredients in powder form

Table 2. PSO parameters setting

Parameter	Value
C_1; C_2	1.0; 1.0
x_{min}; x_{max}	0.0; 1.0
number of particle	$10 + 2\sqrt{d}$
w_{start}; w_{stop}	1.0; 0.8
v_{max}	$0.175 \times |x_{max} - x_{min}|$
number of iteration	100

swarm by decreasing the inertia weight from w_{start} at the first iteration to w_{stop} at the last iteration. The parameter settings in all optimization cases are shown in Tab. 2 where d is the number of dimensions of the search problem. The k parameter of the overlapping measure was set to 5 according to the recommendation in [3]. The number of folds for cross-validation process was 4 where each design step selects a solution that performs best in the corresponding validation fold. The selected solution is used to evaluate its performance by using the test data set. Searching range of bandwidth was [10, 100] kHz and C and γ of SVM tunning tasks were [0.1, 1000] and $[10e^{-5}, 10e^{-2}]$ respectively. The experimental results are given in Tab. 3 and Tab. 4 where all given result values are averaged from ten runs.

In all cases, reductions of measurement time, amount of data and energy consumption of the solutions have been achieved by the narrowed measurement bandwidth. AFW improved recognition performance relative to AFS in several cases referring to q_o and q_c measures, while both outperformed manual approach in all cases. Classification accuracies were significantly increased in all data sets by the approach in Fig. 2 that indicate an improvement in overall recognition performance. However, the computational cost reflected by C_{acq} is the price tag for AFW which can be considered as a trade-off between high accuracy, fast, and energy efficient solution. Clearly, the framework proved its effectiveness in providing better solution quality compared to the manual approach in all measures and experimental cases. It should be noted that the entire design process was done autonomously without human designer in-

Table 3. Experimental results from Lab-on-Spoon data sets

| | Data set | | | | | | | | |
| | LoS all | | | Wine contam. | | | Milk aging | | |
	Manual	PSO,FS	PSO,FW	Manual	PSO,FS	PSO,FW	Manual	PSO,FS	PSO,FW
f_{start} [kHz]	10.00	10.00	10.00	10.00	10.00	10.00	10.00	11.76	11.76
f_{stop} [kHz]	100.00	92.27	92.27	100.00	28.81	28.81	100.00	62.03	62.03
$q_{o\ k=5}$	0.8307	0.8928	*0.9027*	0.6024	0.7167	*0.7486*	0.7867	*0.8523*	0.8485
q_c	0.9682	*0.9786*	0.9777	0.4714	0.8634	*0.8635*	0.4583	*0.7286*	0.7188
C_{acq}	–	*0.5117*	0.4707	–	*0.9023*	0.8916	–	*0.7207*	0.7041
CA_{valid}	0.8107	0.8170	*0.8129*	0.8715	0.8952	*0.9030*	0.9443	*0.9706*	0.9645
CA_{test}	0.8417	0.8471	*0.8725*	0.8765	0.9091	*0.9545*	0.9338	0.9259	*0.9444*

Table 4. Experimental results from Lab-on-Fork data sets

| | Data set | | | | | |
| | Salt adulteration | | | Powder analysis | | |
	Manual	PSO,FS	PSO,FW	Manual	PSO,FS	PSO,FW
f_{start} [kHz]	10.00	78.02	78.02	10.00	76.09	76.09
f_{stop} [kHz]	100.00	98.24	98.24	100.00	92.97	92.97
$q_{o\ k=5}$	0.9862	0.9863	*0.9864*	0.8526	0.8780	*0.8901*
q_c	0.4645	*0.6667*	0.6411	0.9407	*0.9867*	0.9829
C_{acq}	–	*0.9111*	0.9003	–	*0.8984*	0.8428
CA_{valid}	1.0000	1.0000	1.0000	0.7730	0.9964	*1.0000*
CA_{test}	1.0000	1.0000	1.0000	0.7931	1.0000	1.0000

tervention and effort. This proves the capability of DAICOX framework in providing viable solutions for the design of intelligent multi-sensor measurement systems.

5 Conclusion

This work reports on the progress of the general DAICOX framework focusing on application-specific design of LoX devices. In particular, we incorporate the self-reconfiguration concept to the instantiated framework along with the multi-objective optimization approach. The demonstrated solution achieved improvements in recognition performance in all experimental cases compared to the manual approach. The highest improvement was in the "Powder analysis" data set that increased classification accuracy from from 79.31 % to 100 %. The measurement time can be reduced down to 18.75 % of the full bandwidth measurement in the "Powder analysis" data set, while maintaining comparable recognition performance. The framework confirmed its capability in delivering better performance solutions using autonomous design and optimization process without human intervention of the entire design steps. The efficacy and advantage of the framework in the design of intelligent multi-sensor measurement systems have been proven in this work. Our future work targets on extending the framework towards general adaptive design of intelligent multi-sensor measurement systems with richer choice of effective fitness functions and advanced multi-objective optimization algorithms. In particular, we aim to deploy Self-X properties and the corresponding intrinsic evolution on sensorial hardware platforms to compensate static as well as dynamic deviation for the system instance, and, thus, provide a new level of flexibility, robustness, dependability, and reliability to multi-sensor intelligent measurement systems.

Bibliography

[1] K. Thongpull, A. König, and D. Groben. A design automation approach for task-specific intelligent multi-sensory systems – lab-on-spoon in food applications. *Technisches Messen*, 82(4):196–208, 2015.

[2] A. König, E. Michael, and W. Robert. Quickcog self-learning recognition system - exploiting machine learning techniques for transparent and fast industrial recognition system design. *Image Processing Europe*, Sept./Oct:10–19, 1999.

[3] K. Iswandy and A. König. Methodology, algorithms, and emerging tool for automated design of intelligent integrated multi-sensor systems. *Algorithms*, 2(4):1368–1409, 2009.

[4] A. König and K. Thongpull. Lab-on-spoon - a 3-d integrated hand-held multi-sensor system for low-cost food quality, safety, and processing monitoring in assisted-living systems. *Journal of Sensors and Sensor Systems*, 4(1):63–75, 2015.

[5] A. König and K. Thongpull. The E-Taster Assistance System with Lab-on-Spoon and Lab-on Fork as 'Electronic Tongues', 2015. ONLINE : www.eit.uni-kl.de/koenig/gemeinsame_seiten/projects/E-Taster.html. last visited : July 2015.

[6] A. König. A novel supervised dimensionality reduction technique by feature weighting for improved neural network classifier learning and generalization. In *6th Int. Conf. on Soft-Computing and Information/Intelligent Systems*, volume 4, pages 746 – 753, Oct 2000.

[7] Yuhui Shi and Russell C. Eberhart. Parameter selection in particle swarm optimization. In V.W. Porto, N. Saravanan, D. Waagen, and A.E. Eiben, editors, *Evolutionary Programming VII*, volume 1447 of *LNCS*, pages 591–600. Springer Berlin Heidelberg, 1998.

[8] Peter Messiha Mehanny Tawdross. *Bio-Inspired Circuit Sizing and Trimming Methods for Dynamically Reconfigurable Sensor Electronics in Industrial Embedded Systems*. PhD thesis, 2007.

[9] K. Iswandy and A. König. Feature selection with acquisition cost for optimizing sensor system design. *Advances in Radio Science*, 4:135–141, 2006.

[10] K. Muller, S. Mika, G. Ratsch, K. Tsuda, and B. Scholkopf. An introduction to kernel-based learning algorithms. *Neural Networks, IEEE Trans. on*, 12(2):181–201, Mar 2001.

Abhaya Chandra Kammara S. and Andreas König

Robust ADCs for Dependable Integrated Measurement Systems based on Adaptive Neuromorphic Spiking Realization

Abstract: Analog to Digital Conversion has been moving towards multiple goals like higher resolutions, higher sampling rates, lower power consumption, robust circuitry free from noise, drift and deviations due to manufacturing processes, temperature etc. These problems only increase with the rapid scaling of technologies and associated decay of signal swing. The last decade has seen the growth of TDCs which are completely designed in digital to make them simpler, easier to manufacture and faster to market. However, analog circuits still have advantages of lower power consumption which is essential in designing sensor systems for Internet of Things, Smart Dust etc. A highly modular robust and adaptive ADC concept which can be designed easily irrespective of technologies is a worthy goal to pursue. A neural ADC seems to be an ideal solution to this problem. Neural ADCs have been in research for more than three decades, however, most of them are amplitude based and will face similar problems with scaling of technologies. Spiking Neural Networks work in time domain, they resemble biological models more closely as compared to other popular models. We make use of Bio-Inspired Spiking Neural concept based on Jeffress Model of Sound Localization. In this work, we show that we are able to obtain a resolution of 10 bits with improved circuits as compared to 7.5 bits we obtained in our previous work with identical sampling rate of 1 MHz. The resolution of this structure can be increased simply by choosing the nth spike instead of the first one. The resolution almost doubles for every next spike time interval. The trade off for this higher resolution is lower speed with lower dynamic range, or larger area. As we reach the limits of our first structure, we introduce a modified Jeffress sound localization model which also considers the movement of the sensory element (e.g. Head/Ears) to focus on the location of the source. The equivalent circuit model and results for this transduction schema are shown and discussed.

Keywords: ADC, Neuromorphic ADC, Bio Inspired, Spiking Neural Networks, Jeffress Model, Spatial Localization based ADC, Sound Localization ADC

1 Introduction

Conventional ADC implementations have to be realized on rapidly scaling deep submicron technologies. These structures face a lot of problems due to noise, deviations

Abhaya Chandra Kammara S., Andreas König: Integrated Sensor Systems, TU Kaiserslautern, mail: abhay@eit.uni-kl.de

DOI: 10.1515/9783110408539-020

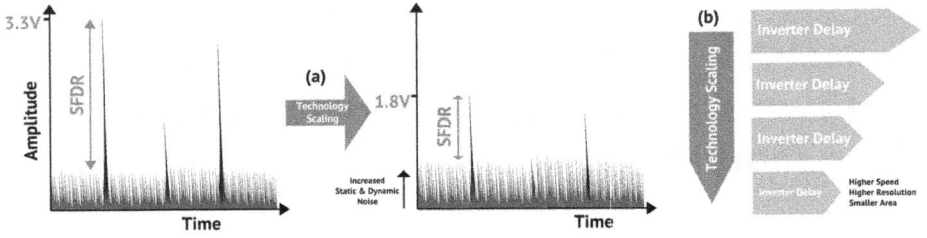

Fig. 1. Effects of Full Technology scaling in (a) Amplitude Domain ADCs and (b) TDCs

from manufacturing etc. These problems are typically solved by using redundant or reconfigurable structures [1]. One of the solutions is to move from Analog to Digital Domain [2]. However, the digital equivalents are unable to match the energy efficiency of analog circuits even in much smaller technologies [6]. These implementations are still in Amplitude Domain. One of the main problems faced by Amplitude Coded ADCs due to technology scaling is shown in Fig. 1a. The alternative is time domain signal processing. The most common TDC structures work by measuring the pulse width of the input signal using delay elements as the "counters". The sampling rate of TDCs is limited by its delay element. There is a trade off between the sampling rate and resolution for the incoming pulse width modulated signal. These TDC structures only improve with the scaling of technologies Fig.1b.

While there is a resurgence of TDCs in the last decade, they mostly work with single ended pulse width signals. These signals are very different from the spiking signals that are used in nervous systems of living beings. The spiking signals work with several types of codes from Rank Order Coding (place coding) to rate coding. The ADCs which are based on neural models can be technology agnostic, There are digital and analog neurons and synapses and the concept will be able to exploit both these technologies. As neuron models are created for new technologies like spin devices [16], these structures can be immediately ported to them. In our work, we focus on the complete sensor signal conditioning system from the transduction of amplitude signals to time signals and their digital conversion Fig 2. The main target is to identify opportunities and create a novel adaptive converter architecture that is inherently robust to most of the problems discussed above. The magnetoresistive sensors, e.g.,AMR as well as TMR in the future, will be used as the research vehicles for this work.

Fig. 2. The Flow Diagram of our Spiking ADC Architecture (SDC)

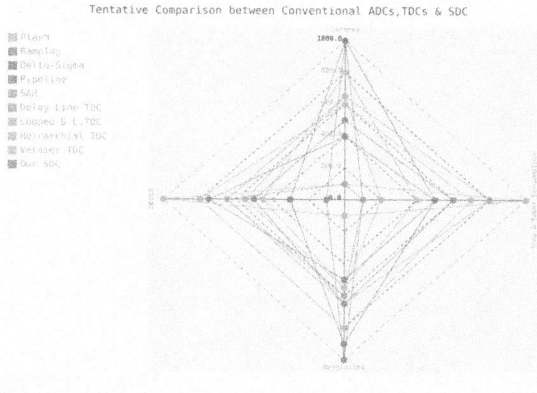

Fig. 3. Tentative comparison with data from [2; 17]

2 State of the Art

The conventional ADC structures have already been designed for 28nm Bulk-CMOS technologies. They are all converging towards the SAR Architecture with noisy analog components and correction using digital circuits [2; 3; 4]. These implementations make use of redundancy for robustness. The second generation TDCs faced problems with sampling rate as they were restricted by the speed of the delay element, The third generation of TDCs with sub-gate-delays overcame this problem by adapting older measurement techniques like the Vernier method [17]. These techniques are now used by companies like acam [7]. A tentative comparison of conventional ADCs, TDCs and our SDC is shown as a radar plot in Fig. 3.

There are several Spiking Neural ADC architectures that have been introduced in the last decade [5; 11; 12; 13; 14]. They make use of different techniques like rate coding, 1 of n coding etc. Sarpshekar et. al. [5] have created a low power, 8-bit time coded ADC which resolves one additional bit per loop. However, this structure makes use of Amplitude codes as part of the loop, which comes back to the problems described above. Mayr et. al. [13] have designed an ADC based on recurrent neural networks using neural engineering framework. Torikai et. al. [11] have studied the spike encoding and decoding techniques, focusing on Spike Interval Mapping and have putforth theoretical structures for ADC and DAC. Cios et. al. [12] have created a software implementation of Spiking ADC with intensity detection units which can handle noise by redundancy. Schaik et.al. [14] have created a neuromorphic ADC which has on and off spikes with lateral inhibition, which can work with spike time and phase codes. Our previous work and the new results will be presented below.

Table 1. Comparison of "Detection" schemes

Comparator	Latch	Coincidence Detection
Amplitude Domain	Time Domain	Time Domain
Higher or Lower	Equality Check	Degree of Equivalence

3 The SDC Design

In our previous works [8; 9; 10], we have introduced our ADC Architecture based on Jeffress Model of Sound Localization. The basic structure is described in the Fig.4c,d,e. The results of the previous work can be seen in Table 2. A small comparison between the different "detectors" used in ADCs, TDCs and our SDC can be found in Table.1.

Various decoding schemes are possible using the coincidence detection technique, however, place coding is a robust choice, since only the order of the spike is required and not the accurate time. This has been discussed in detail in our previous work [8]. The SDC architecture is inherently robust since it is dependent on paired time differential inputs with an output for "0"(no inputs) signal. Using this for local adaptation for reducing fault tolerance will be a part of the future work.

3.1 Experiments & Results

In this work, we have found that our transduction scheme has the highest sensitivity when the membrane capacitance of the transduction neurons is between 3.2 pF and 3.7 pF. This can also be seen in Fig.5a. With this and optimization of the other modules we can see the improvement in Table 2. It should be noted that this work has the range of ΔR from -255Ω to +255Ω which is higher than the range of a typical AMR sensor (e.g., Sensitec AFF755). The TMR sensor has a much larger range, which is interesting for this work.

Table 2. Comparison with previous work. TOF denoted Time of First Spike Coding.

	Bit Resolution		Time Resolution		Delay Resolution	Linearity		Sampling Rate
	TOF	Place Coding	TOF	Place Coding		TOF	Place Coding	
Our Previous Work	5	7.5	10ns	6ns	10ns	Linear	Non Linear	1MHz
SDC Present Work	8	>10	3ns	<1ns	2ns	Linear	Linear	1MHz

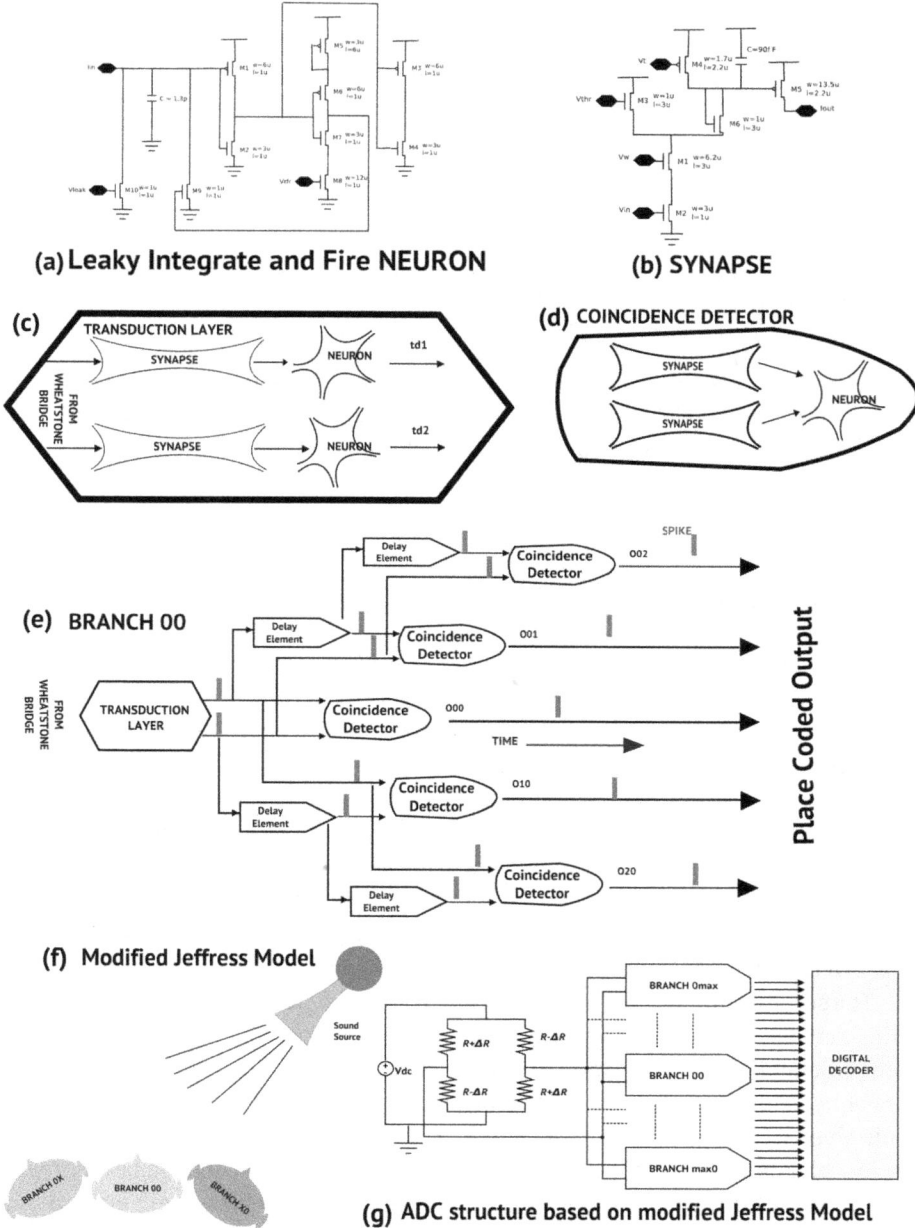

(a) **Leaky Integrate and Fire NEURON**

(b) **SYNAPSE**

(c) **TRANSDUCTION LAYER**

(d) **COINCIDENCE DETECTOR**

(e) **BRANCH 00**

(f) **Modified Jeffress Model**

(g) **ADC structure based on modified Jeffress Model**

Fig. 4. The detailed description of SDC architecture

In our experiments we found that our Differential Time Interval Encoding has much higher linearity than pulse width encoding which is ubiquitous in TDCs. The resolu-

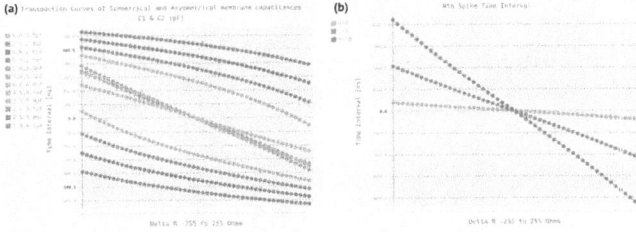

Fig. 5. (a) Time interval of First Spike (b)$n = 1$: ΔR=4.2 mΩ (1 ns) ΔU=4.2 mV, $n = 5$: ΔR=122 mΩ (1 ns) ΔU=0.8 mV, $n = 10$: ΔR=60.5 mΩ (1 ns) ΔU=0.4 mV

tion of the SDC with respect to the time interval difference is limited by the sensitivity of the coincidence detector. Although the module can be further improved and its inherent improvement with technology scaling, It is also promising to look at an extension of the architecture.

4 Extension of SDC architecture

There are two approaches for the extension of the SDC. Our SDC has been designed to detect and convert the first time interval and then cut of the supply voltage to the components to reduce the power consumption. However, by keeping the supply power switched on for a much longer time, we can detect the nth spike interval instead of the first one and observe a gradual increase in time span as shown in the Fig.5b. It should be noted that these simulations are nominal, the effects of noise are not yet considered, in particular for smaller voltage differences in range of tens of microVolts. This observed increase in sensitivity acts as a "Time Interval Amplification". We have observed that this is linear even until the fiftieth spike interval. The number of coincidence detection units should be increased accordingly to maintain the span.

The second option is to modify the transduction mechanism. Our ADC is based on Jeffress model for sound localization, however, one important factor is not a part of the model. Generally for localization of sound, humans and other mammals move their ears or head to get a better idea of the source. In other smaller creatures "Tropotaxis" is observed when the stimulus from a source is balanced by paired receptors., for e.g. the forked tongue of the snake helps in finding its prey, cockroaches can be controlled by sending electrical signals to its antennae (which has now been implemented as a toy [18]). There are several ways of implementing this in our architecture. We implement this concept initially by adding transduction components where the membrane capacitances of the paired neurons are asymmetrical and work as an analagon for head movement shown in Fig. 4f & 4g. We can see in Fig. 5a that the asymmetrical membrane capacitances act as a bias imitating the head movements discussed above.

The outputs from these can be used to produce much finer and robust place coding with higher resolution.

5 Conclusion

In this research work, we have extended our previously introduced novel concept of robust and adaptive ADCs, based on findings from brain sciencé and spiking neural AVLSI systems. In particular, we have updated our SDC in this work, which uses an inherently robust transduction scheme providing differential time encoding and a co-incidence detection layer for obtaining a linear place coding with properties shown in Table 2. A comparison with other neuromorphic ADCs is provided in Table 3. We have shown that this can be extended for higher resolutions, robustness using two different techniques in Section 3.2. These results were simulated using Cadence with ams 0.35 μm technology. Technology scaling will improve the resolution, speed, area and power consumption of our SDC. The reconfigurable modules can be corrected for manufacturing tolerances and drift by changing their properties as confirmed by our previous work [10]. In the next steps, we will add local adaptation to reduce delay errors during manufacturing and temperature related drifts and in particular to avoid costly chip-based supervised handling. We will be completing the physical design and manufacturing to measure the INL, DNL and other properties of the SDC.

Table 3. Comparison of Neuromorphic Spiking ADCs

Reference	Sarpshekar et. al. [5]	Torikai et. al. [11]	Cios et. al. [12]	Mayr et. al. [13]	Schaik et. al. [14]	This Work SDC
Domain	Amplitude & Time	Time	Time	Time	Time	Time
Coding Scheme	Time Interval	Time Interval Mapping	Population Code	Encoder and Decoder weights	Spike Rate and Phase	Differential Time Interval & Place Coding
Parrallel/ serial	Serial	Serial	Parallel	Parallel	Parallel	Parallel
Area & Power	Extremely Low Power and Area	No Data	No Data	High Power & Large Area	No Data	Comparable to Conventional ADC Average
Reconfigurable/ adaptable	No	No	No	Rate & Resolution	No	Resolution, Fault Tolerance, Calibration
Capable of Sensor Fusion	No	No data	Yes	Yes	No data	Yes
Resolution	8 bit	No data	No data	7.67 bit	No data	>10 bit
Implementation	0.18 μm subthreshold CMOS	Off the Shelf Components	C++ & XML	0.18 μm CMOS	Off the Shelf Components	0.35 μm CMOS

Bibliography

[1] Yueran Gao; Haibo Wang, "A Reconfigurable ADC Circuit with Online-Testing Capability and Enhanced Fault Tolerance," Defect & Fault Tolerance in VLSI Systems, 2009. DFT '09. 24th IEEE Int. Symp. on , vol., no., pp.202,210, 7–9 Oct. 2009, doi: 10.1109/DFT.2009.31

[2] Carlos Azeredo-Leme, Pedro Figueiredo, Manuel Mota, Scaling ADC Architectures for Mobile & Multimedia SoCs at 28-nm & Beyond, Synopsys White Papers, July 2013

[3] Haenzsche, S.; Hoppner, S.; Ellguth, G.; Schuffny, R., "A 12-b 4-MS/s SAR ADC With Configurable Redundancy in 28-nm CMOS Technology," Circuits and Systems II: Express Briefs, IEEE Transactions on , vol.61, no.11, pp.835,839, Nov. 2014, doi: 10.1109/TCSII.2014.2345301

[4] Tuan-Vu Cao; Aunet, S.; Ytterdal, T., "A 9-bit 50MS/s asynchronous SAR ADC in 28nm CMOS," NORCHIP, 2012 , vol., no., pp.1,6, 12–13 Nov. 2012, doi: 10.1109/NORCHP.2012.6403105

[5] Yang, H.Y.; Sarpeshkar, R., "A Bio-Inspired Ultra-Energy-Efficient Analog-to-Digital Converter for Biomedical Applications," Circuits and Systems I: Regular Papers, IEEE Transactions on , vol.53, no.11, pp.2349,2356, Nov. 2006.

[6] Joubert, A.; Belhadj, B.; Temam, O.; Heliot, R., "Hardware spiking neurons design: Analog or digital?," Neural Networks (IJCNN), vol., no., pp.1,5, 10–15 June 2012, doi: 10.1109/IJCNN.2012.6252600

[7] http://www.acam.de/de/produkte/picocap/measuring-method/ last visited 10-07-2015.

[8] A.C. Kammara, J. Hornberger und A. König , Inherently Robust ADC Concepts with Biologically Inspired Spiking Neural Networks Rank Order Coding - A Case Study . In Tag. XXIV Messt. Symp. des AHMT, 23.–25. Sept., pp. 91-106, 2010.

[9] A.C. Kammara, A.König, Contributions to Integrated Adaptive Spike Coded Sensor Signal Conditioning and Digital Conversion in Neural Architecture, Sensoren und Messsysteme 17. ITG/GM Fachtagung, 3.–4. Juni 2014

[10] A.C. Kammara, A. König ,Increasing the Resolution of an Integrated Adaptive Spike Coded Sensor to Digital Conversion Neuro-Circuit by an Enhanced Place Coding Layer,Symposium des AHMT 2014-09-18 - 2014-09-20 Saarbrücken, Pages 157 - 166 DOI 10.5162/AHMT2014/P5

[11] Torikai, H. and Tanaka, A. and Saito, T. . Artificial spiking neurons and analog-to-digital-to-analog conversion. IEICE TRANSACTIONS on Fundamentals of ECS, E91-A(6):1455–1462, 06 2008.

[12] Lovelace, J.J. and Rickard, J.T. and Cios, K.J. A spiking neural network alternative for the analog to digital converter. In Neural Networks (IJCNN), pages 1–8, July 2010. doi: 10.1109/IJCNN.2010.706 5596909.

[13] Mayr CG, Partzsch J, Noack M and Schüffny R (2014) Configurable analog-digital conversion using the neural engineering framework. Front. Neurosci. 8:201. doi: 10.3389/fnins.2014.00201

[14] Tapson, J.; van Schaik, A., "An asynchronous parallel neuromorphic ADC architecture," Circuits and Systems (ISCAS), vol., no., pp.2409,2412, 20–23 May 2012 doi: 10.1109/ISCAS.2012.6271783

[15] Sterr, A.; Muller M. M.; Elbert T.; Rockstroh B.; Pantev C.; Taub E. (June 1, 1998). "Perceptual correlates of changes in cortical representation of fingers in blind multifinger Braille readers". Journal of Neuroscience 18 (11): 4417–4423.

[16] Mrigank Sharad, Charles Augustine, Georgios Panagopoulos, Kaushik Roy, "Proposal For Neuromorphic Hardware Using Spin Devices", arXiv:1206.3227 [cond-mat.dis-nn]

[17] Henzler Stephan. Time-to-Digital Converters, volume 29 of Springer Series in Advanced Microelectronics. Springer Netherlands, 1 edition, 2010. ISBN 978-90-481-8628-0.

[18] https://www.backyardbrains.com/products/roboroach last visited 09-05-2015.

Stefan Patzelt, Christian Stehno und Gerald Ströbel

Schnelle, optische Oberflächen-Charakterisierung mittels leistungsfähiger Hardware

Zusammenfassung: Der vorliegende Beitrag beschreibt die geplante Entwicklung eines parametrisch-optischen Laser-Messsystems für die Charakterisierung von spiegelnden Oberflächen in laufenden Fertigungsprozessen. Das Messverfahren beruht auf bekannten Ansätzen der Oberflächen-Charakterisierung mit kohärentem Licht und der Auswertung resultierender Streulichtspeckle-Intensitätsverteilungen mittels Korrelationsverfahren [1]. Die Industrietauglichkeit erfordert eine deutliche höhere Messrate im Vergleich zu existierenden Speckle-Messsystemen. Dies soll durch Messprozess-Modifikationen, den Einsatz leistungsfähiger Hardware für die Bilderfassung und Auswertung sowie dadurch erforderliche Anpassungen der Algorithmen erreicht werden.

Schlagwörter: Oberflächen, Rauheit, Messtechnik, Laser, Streulicht, Speckle, Hardware-Beschleunigung, FPGA

1 Einleitung

Die Güte technischer Oberflächen ist in vielen Anwendungsbereichen ein wesentliches Kriterium für die Qualität des Endprodukts. Als Beispiele seien hier die Halbleiterindustrie, die Solarindustrie, die Medizintechnik, die Stahlproduktion und die metallverarbeitende Industrie genannt. Dabei ist die Produktqualität häufig direkt mit der Oberflächenbeschaffenheit verknüpft. Oberflächen von Ausgangswerkstoffen (z.B. Bandstahl) und Bauteilen müssen im Hinblick auf die Ver- oder Bearbeitung und den späteren Verwendungszweck eine definierte Rauheit innerhalb vorgegebener Toleranzen aufweisen. Geringe Abweichungen von den Sollwerten können bereits zu Einschränkungen der Funktionalität oder der Haltbarkeit bzw. Lebensdauer eines Bauteils sowie zu Qualitätsminderungen bezüglich der akustischen, optischen und haptischen Wahrnehmung durch den Menschen führen. Liegen die Oberflächenkennwerte außerhalb der Toleranzen, ist das Produkt fehlerhaft und muss als Ausschuss deklariert werden. Dies führt zu vermeidbaren Kosten.

Stefan Patzelt, Gerald Ströbel: Bremer Institut für Messtechnik, Automatisierung und Qualitätswissenschaft (BIMAQ), mail: pa@bimaq.de
Christian Stehno: CoSynth GmbH & Co. KG, Oldenburg, mail: stehno@cosynth.com

DOI: 10.1515/9783110408539-021

2 Stand der Oberflächen-Messtechnik

Die quantitative Bewertung von Oberflächen-Topografien basiert auf genormten Rauheitskennwerten, z.B. dem arithmetischen Mittenrauwert Ra (DIN EN ISO 4287), welche mit elektrischen Tastschnittgeräten auf der Basis einer zweidimensionalen Messdatenerfassung ermittelt werden (DIN EN ISO 3274). Konventionelle optische Messverfahren (z.B. Autofokus-Profilometrie, konfokale Mikroskopie, Weißlicht-Interferometrie) bilden den taktilen Messprozess teilweise nach und ermöglichen ebenfalls normgerechte Rauheitsmessungen. Darüber hinaus erfassen einige optische Messverfahren Oberflächenhöhen bereits mit einer Messung flächenhaft, sodass sich beispielsweise der flächenbezogene arithmetische bzw. quadratische Mittenrauwert Sa bzw. Sq ermitteln lässt (DIN EN ISO 25178). Entsprechende optische Messverfahren sind berührungslos und schnell, erfordern jedoch aufgrund der lateral oder vertikal scannenden Messdatenerfassung eine schwingungsarme Messumgebung bzw. ein Messlabor.

Streulichtspeckle-Messverfahren überwinden diese Einschränkung, indem sie die Rauheit eines makroskopischen Oberflächenbereiches anhand eines einzigen Streulichtbildes integral bewerten. Gegenüber kommerziell erhältlichen Streulicht-Messsystemen, welche den Streulichtwinkel sowie die Streulichtwinkel-Verteilung auswerten (ARS - Angle Resolved Scattering), zeichnen sich Streulichtspeckle-Messverfahren durch eine große Variabilität und Flexibilität aus. Mit hohen Laser-Lichtleistungen und kurzen Kamera-Belichtungszeiten lassen sich in laufenden Fertigungsprozessen „scharfe" Speckle-Bilder makroskopischer Oberflächenbereiche erzeugen, welche für die rauheitsbezogene Bildauswertung geeignet sind. Bereits eine Einzelmessung charakterisiert integral die Rauheit eines Oberflächenbereiches von derzeit bis zu $20\,mm^2$ (Leuchtfleck-Durchmesser 5 mm). Die flächenhafte Messdatenerfassung und die anschließende Bildauswertung ermöglichen es zudem, richtungsbezogene Rauheitswerte anisotrop rauer Oberflächen zu bestimmen. Alternativ erlaubt es ein kleiner Gesichtsfeld-Durchmesser (z.B. 0,5 mm), Oberflächen mit Strukturen oder Defekten im Mikrometerbereich ortsaufgelöst zu charakterisieren. Der Abstand zwischen Sensor und Messobjekt ist im Bereich von einigen Dezimetern im laufenden Messprozess variabel. Allerdings begrenzt die rechenzeitintensive Messdatenauswertung dieses Messverfahrens die Messrate auf derzeit ca. 10 Messungen pro Sekunde und steht einem Einsatz in der Fertigung noch entgegen.

3 Streulichtspeckle-Messtechnik

Streulichtspeckle-Messverfahren basieren auf statistischen Eigenschaften von Speckle-Intensitätsverteilungen, welche entstehen, wenn eine Oberfläche mit Laserlicht beleuchtet wird [2]. Im Fall stochastisch rauer Oberflächen korrelieren die

optisch ermittelten Rauheitsparameter mit den genormten statistischen Rauheits-
kenngrößen Ra bzw. Sa und Rq bzw. Sq (DIN EN ISO 4287 und 25178). Bild 1 zeigt
beispielhaft an Blechen mit verschiedener Oberflächenrauheit gespiegelte Drucktexte.

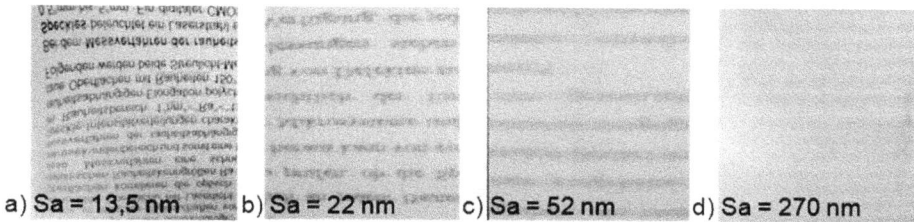

a) Sa = 13,5 nm   b) Sa = 22 nm   c) Sa = 52 nm   d) Sa = 270 nm

Abb. 1. „Spiegelung" eines Drucktextes in verschieden rauen Stahlblechen

Das Feinblech mit dem arithmetischen Mittenrauwert Sa=13,5 nm (Bild 1.a) erzeugt
ein vergleichsweise klares Spiegelbild mit hohem Kontrast und deutlich erkennbaren
Buchstaben des abgebildeten Textes. Die Verzerrungen des Spiegelbildes entstehen
durch leichte Wölbungen des dünnen Blechs. Die Oberfläche der Rauheit Sa=22 nm
(Bild 1.b) spiegelt bereits leicht diffus. Die Buchstaben sind noch erkennbar. Bei einer
Rauheit von etwa Sa=52 nm (Bild 1.c) verschwimmen die Buchstaben im Spiegelbild.
Gegebenenfalls lassen sich noch einzelne Wörter voneinander trennen, jedoch nicht
mehr lesen. Die Oberfläche mit der Rauheit Sa=270 nm (Bild 1.d) streut das Licht diffus. Lediglich Textzeilen lassen sich noch als verschwommene, graue Linien im Spiegelbild erkennen.

Die Bild 1 zugrunde liegenden Bleche sind das Ergebnis mehrstufiger Walzpro-
zesse. Dabei werden Materialeigenschaften modifiziert (Dressieren), Blechdicken
verringert (Reduzieren) und die Oberflächentopografie des Blechs beeinflusst. Die
Abrichtung der Arbeitswalzen erfolgt mittels Schleifen, Polieren und Läppen. Jeder dieser Bearbeitungsprozesse erzeugt neben einem bestimmten Oberflächen-
Rauheitswert auch einen charakteristischen Topografietyp. Profile (rund-) geschliffe-
ner Oberflächen sind beispielsweise nahezu symmetrisch zur Mittellinie des Profils.
Die Oberflächen-Rauheit ist zudem anisotrop, d.h. in Schleifrichtung erheblich glatter als quer dazu. Profile polierter und geläppter Oberflächen sind asymmetrisch
zur Profile-Mittellinie. Sie weisen einen hohen Traganteil und gegebenenfalls spitze, schlanke Täler auf. Der Walzprozess überträgt diese Oberflächen-Merkmale der
Arbeitswalzen zu einem Großteil spiegelbildlich auf die Blechoberfläche. Um den
gesamten Rauheitswertebereich spiegelnder und diffus streuender Oberflächen mit
Laserstreulicht-Messtechnik abzudecken, sind zwei verschiedene Messverfahren
erforderlich.

Das **Streulicht-Messverfahren der rauheitsabhängigen partiellen Ausprägung monochromatischer Speckle-Intensitätsverteilungen** charakterisiert spie-

gelnd glatte bis leicht matte Oberflächen im Rauheitsbereich von Sa=1 nm bis etwa Sa=150 nm.

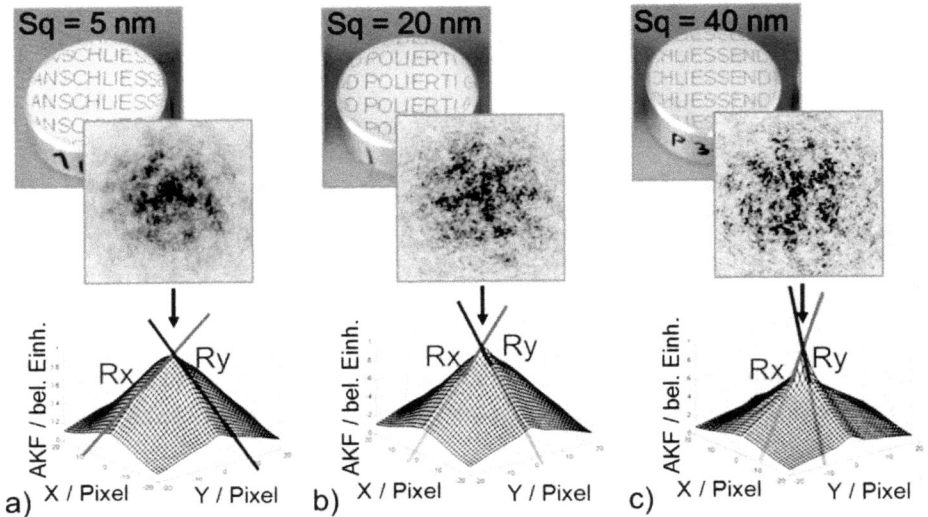

Abb. 2. Diffus spiegelnde, polierte Oberflächen erzeugen partiell ausgeprägte Streulichtspeckle-Intensitätsverteilungen. Die Breite der Autokorrelationsfunktionen korreliert mit dem mittleren Speckle-Durchmesser.

Ein Laserstrahl beleuchtet einen Oberflächenbereich mit einem Durchmesser von 0,5 mm bis 5 mm. Ein digitaler CMOS-Sensor ohne Objektiv erfasst in der geometrischen Reflexionsrichtung die Lichtintensitätsverteilung. Im Fall spiegelnd glatter Oberflächen entspricht die detektierte Intensitätsverteilung dem Intensitätsprofil des einfallenden Laserstrahls. Mit zunehmender Rauheit erhöht sich der Streulichtanteil. Dies führt neben einer Verbreiterung der detektierten Lichtintensitätsverteilung zu einer räumlichen Intensitätsmodulation in Reflexionsrichtung (Bild 2.a). Es entsteht ein partiell ausgeprägtes Specklemuster, dessen Intensitätsmodulation mit der Oberflächenrauheit zunimmt (Bild 2.b und c). Die obere Messbereichsgrenze ist erreicht, wenn das Specklemuster voll ausgeprägt ist. Die Rauheitsauswertung der digital gespeicherten Specklebilder erfolgt mit zweidimensionalen Korrelationsverfahren. Die mittlere Flankensteigung der Autokorrelationsfunktion einer Speckle-Intensitätsverteilung nimmt mit der Rauheit der Oberfläche zu (Bild 2 unten).

Das **Streulicht-Messverfahren der rauheitsabhängigen Elongation polychromatischer Speckles** quantifiziert die Rauheit matter bis sehr rauer Oberflächen zwischen 150 nm < Sa < 5000 nm. Der polychromatische bzw. zeitlich partiell kohärente Laserstrahl setzt sich aus mindestens zwei (Laser-) Lichtwellenlängen zusammen (z.B. 650 nm und 670 nm). Eine Bikonvexlinse im Abstand ihrer Brennweite vor

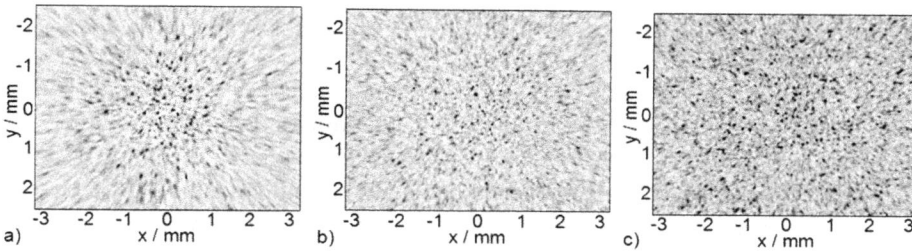

Abb. 3. Polychromatische Streulicht-Specklemuster (Negativ-Darstellung) diffus streuender Oberflächen mit den Rauheiten a) Sq=0,25 μm, b) Sq=1 μm und c) Sq=2 μm.

dem Kamera-Chip erfasst das reflektierte Licht und das Streulicht der Oberfläche in einem definierten Winkelbereich um die optische Achse, d.h. um die geometrische Reflexionsrichtung. In der Beobachtungebene entsteht das Fraunhofer'sche Beugungsbild der Streulichtverteilung. Aufgrund des zeitlich partiell kohärenten Lichts handelt es sich dabei um ein Specklemuster. Bild 2 zeigt berechnete, polychromatische Streulichtspeckle-Verteilungen für drei Oberflächenrauheiten. Im Zentrum sind die Speckles nahezu rund und kontrastreich. Zum Bildrand hin erscheinen die Speckles radial gestreckt (elongiert) und verwaschen, wobei die Elongation mit dem Abstand vom Bildzentrum zunimmt. Mit zunehmender Oberflächenrauheit nimmt die Ausprägung der Elongation ab (Bild 2.b und c). Die objektive Bewertung der Speckle-Elongation erfolgt mit Autokorrelationsverfahren.

4 FPGA-Einsatz für schnelle Bildverarbeitung

Für die Nutzung der Streulichtspeckle-Methoden im Fertigungsprozess ist eine deutliche Leistungssteigerung des implementierten Verfahrens erforderlich. Neben Verbesserungen im Messaufbau und dem Einsatz moderner opto-mechanischer Komponenten soll dies insbesondere über eine beschleunigte Bildverarbeitung erreicht werden. Dazu ist der Einsatz von Field Programmable Gate Arrays (FPGAs) geplant, auf denen die Bildverarbeitung besonders performant umgesetzt werden kann.

FPGAs bilden eine Zwischenstufe zwischen einer generell einsetzbaren klassischen CPU und einem anwendungsspezifisch entwickelten IC (ASIC). Eine CPU bietet einen kleinen, aber generischen Befehlssatz zu geringen Kosten und einfache Softwareprogrammierung. Ein ASIC bietet hingegen auf die jeweilige Anwendung angepasste Verarbeitungseinheiten, die besonders schnell und energieeffizient arbeiten. Allerdings ist ein aufwändiger und kostspieliger Entwicklungsprozess nötig und die implementierte Funktion ist nachträglich nicht änderbar. FPGAs vereinen die Vorteile beider Systeme. Sie sind anwendungsspezifisch optimierbar und vergleichbar schnell wie ASICs. Gleichzeitig kann ihre Funktionalität nachträglich verändert werden, was die Entwicklung deutlich günstiger macht.

Für die bei Streulichtspeckle-Messverfahren benötigten Berechnungen sind FPGAs ideal geeignet. Die Berechnung der Autokorrelationsfunktion erfordert die Berechnung von gut parallelisierbaren Fouriertransformationen. Auch die weiteren Berechnungen auf den z.T. komplexwertigen Matrizen sind gut auf FPGAs zu implementieren. Außerdem bieten FPGAs direkte Anbindungen an die weitere Hardware, wie Bildsensor und Lasersteuerung, sodass der Messsensor sehr kompakt gestaltet werden kann.

Um die hohe Verarbeitungsgeschwindigkeit mit dem FPGA zu erreichen sind mehrere Voraussetzungen zu erfüllen. Der gute Parallelisierungsgrad der Algorithmen war bereits erwähnt. Da FPGAs mit nur einigen 100 MHz Taktgeschwindigkeit laufen, ist eine hohe Geschwindigkeit vor allem durch die gleichzeitige Verarbeitung mehrerer Aufgaben zu erreichen. Dazu stehen zwei mögliche Arbeitsweisen zur Auswahl, die auch gleichzeitig genutzt werden können. Setzt man mehrere gleiche Verarbeitungseinheiten (IP Cores) auf unterschiedliche Daten an, so können parallele Datenströme gleichzeitig verarbeitet werden. Man spricht von Single Instruction Multiple Data (SIMD), was auch bei den Vektoreinheiten moderner CPUs und DSPs zur schnellen Datenverarbeitung genutzt wird und im Großen auch auf Höchstleistungsrechnern. Als weitere Möglichkeit ist das Pipelining bzw. Streaming von Daten durch mehrere Verarbeitungsschritte parallelisierbar. Der mehrstufige Algorithmus besitzt mehrere unabhängige Berechnungsteile, die in separaten IP Cores umgesetzt werden (Multiple Instruction Multiple Data, MIMD). Anstatt mit der Berechnung der nächsten Stufe zu warten, bis alle Daten der vorhergehenden Stufe vorliegen, startet die Berechnung, sobald die erforderlichen Daten für die nächste Stufe vorliegen. Durch das permanente Streamen der Bilder von der Kamera ist dies auch bildübergreifend möglich. Im optimalen Fall erzeugt eine Pipeline so eine gewisse Latenz, gibt die Ergebnisse aber mit der Geschwindigkeit der einkommenden Daten wieder aus.

Für die Umsetzung der Parallelisierung der Algorithmen ist ein optimaler Datenfluss erforderlich. Dieser kann zum Teil deutlich von dem der klassischen Umsetzung des Algorithmus auf dem PC abweichen. Dieser Entwicklungsprozess ist sehr aufwändig, daher werden bei der Umsetzung des Messverfahrens auf den FPGA spezielle Entwicklungsmethoden genutzt. Durch die frühzeitige Evaluation des Systems als virtueller Prototyp kann die Algorithmenpartitionierung und der Datenflussentwurf auf einer Softwareversion der FPGA-Implementierung am PC simuliert und optimiert werden [3]. Die Hardwarekomponenten und das genaue Timing der Signale auf dem FPGA-Modell werden mittels der Simulationsbibliothek SystemC modelliert und analysiert. So erreicht der Entwicklungsprozess schrittweise ein exaktes Abbild des späteren FPGA-Systems. Um den Aufwand nach Abschluss des virtuellen Prototyps weiter niedrig zu halten, wird der Prototyp mit High Level-Synthese auf den FPGA portiert. Das SystemC-Modell wird dabei vollautomatisch in die erforderliche Hardware-Beschreibungssprache übersetzt und kann direkt auf dem FPGA instanziiert werden.

5 Angestrebte Innovationen

Die fortschreitende Entwicklung opto-elektronischer Komponenten und schneller Hardware-Plattformen eröffnet neue Potenziale für die kohärente Streulicht-Messtechnik, um den pro Zeiteinheit charakterisierten Oberflächenbereich zu vergrößern. Die Innovationen zielen sowohl auf einen erweiterten optischen Messprozess als auch auf effizientere und mittels Hardware beschleunigte Software-Algorithmen ab. Im Rahmen theoretischer und experimenteller Untersuchungen wird analysiert, wie sich das Gesichtsfeld des Streulicht-Messsystems bei unverminderter Auflösung erweitern lässt, um mit einer Einzelmessung größere Oberflächenareale zu erfassen. Mittels Messprozess-Simulationen werden Streulichtspeckle-Verteilungen gemäß der skalaren Kirchhoff-Theorie für verschiedene Werte von Systemparametern (z.B. Wellenlänge, Laserstrahl- Intensitätsprofil, Leuchtfleckdurchmesser, Topografietyp, Rauheit, laterale Oberflächen-Korrelationslänge,...) berechnet und analysiert. Darüber hinaus wird angestrebt, den gesamten Rauheitswertebereich spiegelnder und diffus streuender Oberflächen mit einem Messsystem abzudecken, welches beide der oben beschriebenen Streulicht-Messverfahren vereint. Eine geeignete, universelle Lichtquelle soll in Abhängigkeit von der Oberflächenrauheit monochromatisches oder polychromatisches Licht mit definierter Spektralverteilung erzeugen. Variable Linsen-Brennweiten im Beleuchtungs- und im Beobachtungsstrahlengang des Sensorkopfes ermöglichen es, den Beleuchtungsfleck-Durchmesser und den Streulicht-Akzeptanzwinkel an den jeweiligen mono- bzw. polychromatischen Messprozess anzupassen.

Außerdem werden die komplexen und rechenintensiven Bildauswerte-Algorithmen erstmals auf eine sehr schnelle, parallel arbeitende Hardware portiert. Das Bildverarbeitungs- und Auswerteverfahren wird zunächst als virtueller Prototyp implementiert und geprüft. Dabei beschreibt die C++-Bibliothek SystemC die Hardware-Ressourcen des FPGAs, das taktgenaue Zeitverhalten des Systems und die parallel arbeitenden Einheiten. Dies ermöglicht eine schnelle Analyse der Optimierungspotenziale für die parallele Hardware-Implementierung und vereinfacht die Verifikation des funktionalen Verhaltens der Implementierung. Die Umsetzung auf den FPGA wird insbesondere den Ressourceneinsatz und den Datenfluss optimieren, um die vorgesehene Zielgeschwindigkeit zu erreichen.

Das übergeordnete Ziel besteht somit darin, ein streulichtbasiertes Oberflächen-Messverfahren mit hoher Messrate für den fertigungsnahen Einsatz an optisch glatten (spiegelnden) und gegebenenfalls zylindrischen Oberflächen zu entwickeln.

Danksagung: Das Projekt "OptOCHar - Optische Oberflächen-Charakterisierung im Fertigungsprozess mittels leistungsfähiger Hardware" wird vom Bundesministerium für Bildung und Forschung (BMBF) im Rahmen des Förderprogramms „Photonik Forschung Deutschland" unter dem Förderkennzeichen 13N13535 gefördert.

Literatur

[1] S. Patzelt, H. Prekel, F. Horn, A. Tausendfreund, G. Goch. Bildverarbeitung und Simulation in der statistisch optischen Oberflächenmesstechnik. Technisches Messen, 75, 10, 2008, 537-546.

[2] P. Lehmann, G. Goch. Comparison of Conventional Light Scattering and Speckle Techniques Concerning an In-Process Characterization of Engineered Surfaces. Annals of the CIRP, 49/1, 2000, 419-422.

[3] C. Stehno. Object oriented HW/SW system design with SystemC and OSSS. Embedded world conference proceedings, 03/2010, ISBN 978-3-7723-1012-6.

www.ingramcontent.com/pod-product-compliance
Lightning Source LLC
Chambersburg PA
CBHW081106220326
41598CB00038B/7251

9 783110 408522